Shenghuo li de

Cha

生活里的茶

主　编／王黎明
副主编／应　剑　陈则圆　牛兴和
编　委／肖　杰　侯　粲　虞晓含　李　颂

中国农业出版社·北京

图书在版编目（CIP）数据

生活里的茶 / 王黎明主编. — 北京 ：中国农业出版社，2021.7
ISBN 978-7-109-27916-2

Ⅰ. ①生… Ⅱ. ①王… Ⅲ. ①茶叶－介绍－中国
Ⅳ. ①TS272.5

中国版本图书馆CIP数据核字(2021)第022795号

生活里的茶
SHENGHUO LI DE CHA

中国农业出版社出版
地址：北京市朝阳区麦子店街18号楼
邮编：100125
特约专家：穆祥桐　责任编辑：姚佳
版式设计：姜欣　责任校对：刘丽香　责任印制：王宏
印刷：北京中科印刷有限公司
版次：2021年7月第1版
印次：2021年7月北京第1次印刷
发行：新华书店北京发行所
开本：700mm × 1000mm　1/16
印张：13.75
字数：236千字
定价：158.00元

序 · Order

我国是茶的故乡，茶是我国历史悠久的一张名片。“琴棋书画诗酒茶”，传承了我国文化的瑰丽篇章；“柴米油盐酱醋茶”，代表了我国人民追求平淡幸福的生活态度。

茶之为饮，民间笃信得自于神农。“神农尝百草，日遇七十二毒，得荼而解之”，这里的“荼”，就是茶。由此可见，人们对茶叶“药用”物质属性的认识，远远早于其文化性和稀缺性。明朝李时珍编写《本草纲目》，总结了过去历代对茶叶功效的记载，“（茶）久食，令人瘦，去人脂，使人不睡。”“主治瘘，利小便，去痰热，止渴，令人少睡，有力悦志，下气消食。”而在茶马古道和丝绸之路沿线，以肉食和乳制品为主的民族则产生了“恃茶”现象，原因是喝茶不仅解腻助消化，还能提供无法从当地饮食中获取的营养物质。所以，在我国数千年的饮茶历史中，茶既是食物，也是药物。

中国茶的消费始于巴蜀，随后传播至长江中下游，最终普及到大江南北，并销往世界各地。在长达数千年的传播过程中，制茶工艺百花齐放，形成了绿茶、白茶、黄茶、青茶（乌龙茶）、红茶、黑茶六大茶类。早在明清时期，我国人民已经认识到一些不同品种的茶叶存在性味、功效的区别，对于饮茶浓淡、冷热方式不同导致的体感差异也有所记载。近年来，各国的科学家们已经提供了茶提神、抗氧化、抗炎、提高注意力、抗抑郁、改善糖脂代谢、改善心血管健康、抵御神经退行性疾病、降低癌症风险等一系列研究证据。为了推广全民饮茶，促进人民的健康，关于饮茶与健康方面的科普知识传播还有待加强。

鉴于此，中粮营养健康研究院茶叶研究项目组的同仁们，自2012年开始关注我国茶叶的营养健康作用，并与中国工程科技知识中心营养健康分中心联合开展“中国·茶”系列科普活动。而今集腋成裘，形成《生活里的茶》一书，旨在解读我国茶叶的健康密码，倡导“粗茶淡饭”的生活方式。本书从历史发展的角度描述人们对茶叶健康作用认识的演变，用科学证据分析的方法解释茶叶功能的共性和个性；根据当代国人不同诉求，推荐适宜的茶饮；根据居家、差旅、办公等不同场景，推荐饮茶器具、备茶方式；根据新的消费诉求，推荐茶菜、茶食。本书的作者认为：现代社会的物质丰富带来饮食结构的变化，导致我国人民摄入了过多的肉食和油脂，肥胖、糖脂代谢异常的情况越来越多。为此，应当推动饮茶成为健康饮食生活方式的一部分，强调其调节机能、降低疾病风险的意义。

本书的出版将为我国茶行业带来新鲜的见解，推动我国茶叶从传统农产品转型为营养健康食品，引领国人识茶、爱茶、乐茶、享茶，并从茶叶中获取真真切切的健康收益。特为序。

中国工程院院士 陈宗懋

2020年3月

前言 · Preface

茶——是生命，从浅尝辄止到如影相随

读小学的时候，看着家里的长辈常常喝茶，是用那种印着“为人民服务”和“××地区劳模大会纪念”字样的搪瓷缸里泡的茶，褐色的茶汤上还漂浮着少许泡沫和茶梗，散发着淡淡的香味儿，这是北方常见的廉价茉莉花茶。我一直很好奇，大人为什么会喜欢喝这个东西？为什么不给孩子喝？于是，有一天趁家人不注意，偷偷端起缸子嘬了一口，浓烈的苦涩霎时掩盖了淡淡的幽香，顿时后悔不迭。此后的十多年，再也没有碰过茶。大学期间，有时会用一种名为“麦乳精”的东西冲泡作为时尚饮品，但由于囊中羞涩，也仅限于在取得好成绩时自我奖励一下。

直到27岁毕业，去鄂西探亲时接触到了一种叫“剑毫”的绿茶，冲泡时片片芽尖上下翻飞，随后如古战场的剑阵般整齐划一竖立于水面，再后三三两两陆续坠落杯底但依然长时间屹立不倒。嫩绿色的茶汤带着淡淡的苦涩味入口，咽下去的一刹那，化为满口的清甜。从此，我就喜欢上了这种茶。再后来，逐步接触到了其他茶类，无一不喜欢，且无茶不欢。从好奇，到离不开，屈指一算，喝茶的时间已有整整30年了。

茶，已经成为生命中的一部分，如影相随。

茶——是口粮，一日不食“饿”得慌

“盖人家每日不可阙者，柴米油盐酱醋茶。”相传柴米油盐酱醋茶的说法源自南宋吴自牧《梦粱录 · 鲞铺》，首次把茶列为生活必需品。在这7种生活必需品中，柴米油盐是绝对不可缺少的，没有柴无以烹食，米（粮食的代表）油盐是人体所需营养的重要来源，酱醋是调味品，虽不是必需品，但在某些地区缺之则食无味。英文里常说

“Last but not least”，意思是，列在最后的未必最不重要。茶虽说位列“柴米油盐酱醋茶”的最后一位，但茶的地位常常与饭在一起。谈古论今、谈天说地多发生在茶余饭后；魂牵梦萦、望穿秋水常常导致茶饭不思。

可见，茶是寻常百姓的口粮，一日不食“饿”得慌。

茶——是国雅，也有诗和远方

茶界常说世上有两种茶，一种是“柴米油盐酱醋茶”，另一种是“琴棋书画诗酒茶”。“琴棋书画诗酒茶”常被视为国之七雅。这七雅中惟酒茶是既有食品属性又带有文化属性的，琴棋书画诗是自带文化属性的。善琴棋书画诗者往往亦好酒茶，特别是诗人。自古以来，酒和茶就与诗词结下不解之缘。有道是，“李白斗酒诗百篇，长安市上酒家眠。”“身健却缘餐饭少，诗清都为饮茶多”。常常饮茶不仅陶冶性情，使得作诗的风格都清新雅丽了。历代著名诗人都留下了不朽的咏茶诗篇，与茶相关的诗词不下几百首，或超凡脱俗，或情思隽永。而尽享天下茗茶的君主帝王也不甘落后，从宋朝历代皇帝到大清乾隆、嘉庆父子竟都是颂茶的个中里手。虽不如大文豪苏轼的《望江南 · 超然台作》“休对故人思故国，且将新火试新茶。诗酒趁年华。”那般豁达洒脱、快意人生，但我却独爱黄庭坚的《阮郎归 · 茶词》“摘山初制小龙团，色和香味全。碾声初断夜将阑。烹时鹤避烟。消滞思，解尘烦。金瓯雪浪翻。只愁啜罢水流天。余清搅夜眠。”把茶的色、香、味、形等感官品质，以及茶能消食、解忧、静心、提神的功效“一网打尽”。

所以，茶是国之大雅，也有诗和远方。

茶——是历史，西出阳关，侠骨柔肠

三线茶马古道，酝酿了手筑茯砖的同时，书写了多少凄美的爱情故事、离合悲伤，又历经了无数大漠烽烟、世事沧桑。茶——是文化，灿烂着华夏文明源远流长。最有意义的礼节是婚礼上的改称敬茶，最委婉的结束是端茶送客，最凄惨的境遇是人走茶凉。茶——是资本，古树红袍冰岛班章争先收藏……作为爱茶人，关于茶述有很多很多说不完的典故，道不尽的传奇。

然而，依然要说的是：

茶——是健康，均衡营养，愉悦心房

从古至今，从神农尝百草的茶，到柴米油盐酱醋茶的口粮茶，从单一的绿茶到绿、白、黄、青、红、黑六大茶类，从黄庭坚的“消食滞，解尘烦”到今天科技界的抗氧化、降脂、降糖等功能的验证与挖掘，茶始终不变的是健康属性。

再看国外，在美国马萨诸塞大学David Julian McClements教授所著的《未来食品》一书中，把茶作为“超级食品”的第一个来论述。他说：幸运的是，茶是一个健康益处得到充分证据支持的“超级食品”之一。包含大量随机对照实验的荟萃分析表明，茶具有降血压、改善血管功能和降低胆固醇的功效。

茶——是健康，兴奋着舌尖的味蕾，均衡着一日三餐的营养，滋润着人的心田。

前不久，一个具有医学博士学位的前同事发了个微信朋友圈，请大家帮忙填写她上小学的女儿设计的关于饮茶的问卷。其中两道单选题让我作了难，一是“您喜欢在一天的什么时候喝茶？”；二是“您最喜欢喝什么茶？”作为单选题，我真的无法回答每天什么时候喝茶，也无法回答最喜欢喝哪种茶，因为我一天到晚都在喝茶，而且六大茶类都喜欢喝，喝什么茶根据心情、场景和身体状况。作为一个营养健康科技工作者，喝茶对我来说，更关注的是茶的健康功效和感官享受。

从2012年起，中粮营养健康研究院的同事们联合中茶科技（北京）有限公司开展了发酵茶菌株分离、鉴定、安全性评价和清洁化生产，以及茶健康功效的科学证据挖掘、评价及感官品质等方面的研究，为了让更多的人懂茶、爱茶、敬茶，并从中受益，我与他们一道策划编写了这本书。

本书共五个部分。

第一章是认识茶、了解茶。系统介绍了茶的分类、产地分布、细分品类、品质特征、储藏方式和品饮方法。一张图读懂茶的分类、一张图了解茶的发酵程度，这样图文并茂的方式解读茶，一目了然且通俗易懂。

第二章讲茶的前世今生。先是以生花的妙笔描绘茶的起源、传播、文化和贸易的“上下五千年”历史画卷，随后以严谨的文字和数据阐述了茶促健康的科学证据和物质基础。

第三章是选茶有道。也是本书健康饮茶的核心部分，科学地回答了春夏秋冬、日出日落、不同性别、不同年龄、不同健康诉求和不同体质选茶喝茶的问题。总有一款适合你！

第四章揭秘泡茶大法。说的是，茶与水、器、火如何结合成就一盏好茶；在不同场景、与不同的人、做不同的事，该怎样选茶、泡茶、喝茶才能相生相宜。

第五章简述了茶的“跨界融合”。当茶遇上奶、果、花，会吐出怎样的芳华？当茶融入米、面、肉、鱼，又提升了多少饕餮盛宴上的清香淡雅。

由于我们从事茶科学研究和产品开发的时间还比较短，知识、技术、文化积淀不深，如有疏漏与不妥之处，请行业大家与读者指正。

2020年11月27日于北京未来科学城

目录 · Contents

目录 Contents

Contents — 目录

认识中国茶

Renshi Zhongguo Cha

茶

香叶，嫩芽。

慕诗客，爱僧家。

碾雕白玉，罗织红纱。

铫煎黄蕊色，碗转曲尘花。

夜后邀陪明月，晨前独对朝霞。

洗尽古今人不倦，将知醉后岂堪夸。

《一字至七字诗·茶》——元稹

第一章 认识中国茶

中国是茶的故乡，中国人饮茶相传始于神农时代，距今已有4 700多年的历史，漫长的岁月成就了种类繁多的中国茶。

根据生产工艺不同，我国的传统茶叶大致可以分为六类：绿茶、白茶、黄茶、红茶、乌龙茶和黑茶。根据2014年我国发布的茶叶分类国家标准（GB/T 30766—2014），茶叶还有第七类，在平时所说六大茶类的基础上多了一个再加工茶。花茶、紧压茶、袋泡茶、茶粉等再加工茶类都是在传统六大茶类基础上衍生而来的。

绿茶

[GREEN TEA]

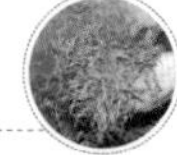
炒青绿茶

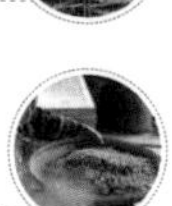
烘青绿茶

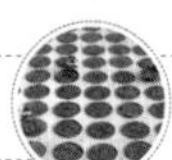
晒青绿茶

蒸青绿茶

白茶

[WHITE TEA]

芽　型

芽叶型

多叶型

黄茶

[YELLOW TEA]

芽　型

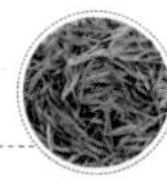
芽叶型

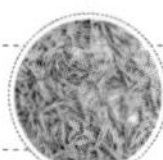
多叶型

乌龙茶

[OOLONG TEA]

闽南乌龙茶

闽北乌龙茶

广东乌龙茶

台式乌龙茶

其他乌龙茶

红茶

[BLACK TEA]

红 碎 茶

工夫红茶

小种红茶

黑茶

[DARK TEA]

湖南黑茶

四川黑茶

湖北黑茶

广西黑茶

云南黑茶

其他黑茶

再加工茶

[REPROCESSING TEA]

花　茶

紧压茶

袋泡茶

茶　粉

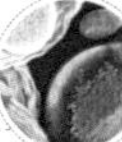

茶叶分类依据

茶叶分类的主要依据是加工工艺，尽管也结合了茶树品种、鲜叶原料、生产地域等诸多因素，但是加工工艺对茶叶产品特性差异的影响远远超出了茶叶原料等其他因素。

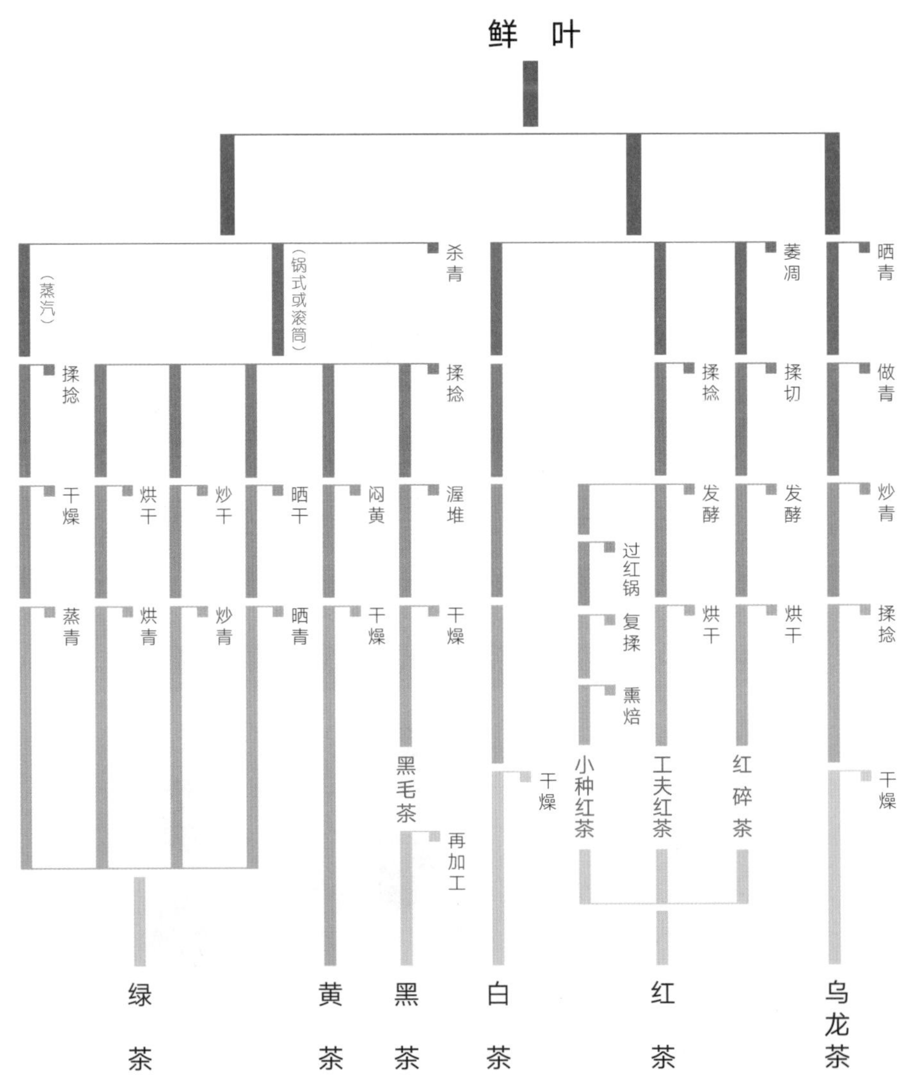

从鲜叶出发，绿茶是第一站。经高温杀青，鲜叶中的各种酶快速失活，使鲜叶中的化学物质不发生酶促氧化和水解反应，从而最大限度保留茶鲜叶中原有的营养成分。

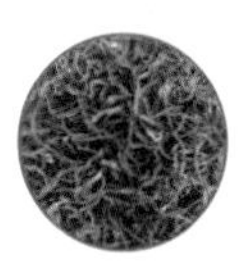

如果不着急杀青，而是允许茶叶自带的各种酶类发挥作用，将鲜叶中的茶多酚一点点聚合成茶黄素、茶红素、茶褐素；蛋白质和肽慢慢水解成呈现鲜味和甜味的茶氨酸等游离态氨基酸；不溶性的糖水解成游离态的可溶性糖……就形成了其他不同的茶叶品类。从绿茶、白茶、黄茶、乌龙茶到红茶，代表了这种酶促反应从0% ~ 100%的过程，酶的反应程度越高，颜色越深。

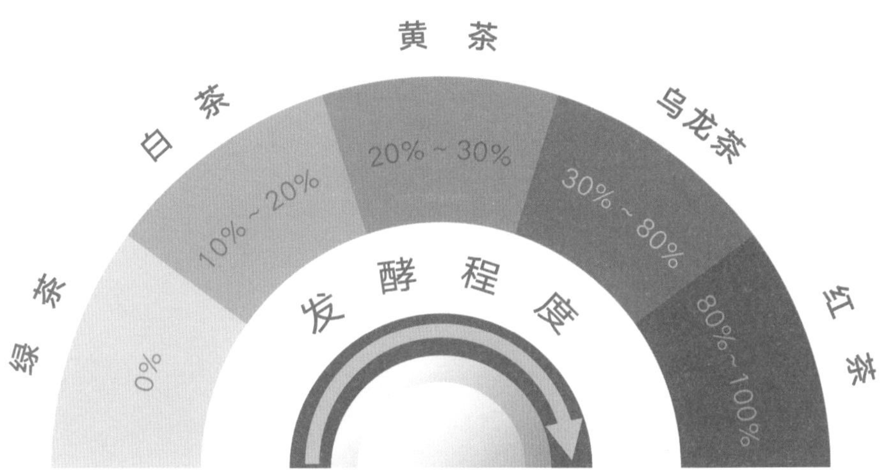

不同茶类发酵程度

与红茶的全发酵称谓不同，黑茶被称为后发酵茶。所谓的“后”发酵，也称“渥堆”，是指在湿热、微生物和酶促的综合作用下，茶叶内含物质成分发生改变的结果。在这个环节，环境中的微生物会进入茶叶内快速生长繁殖，消耗茶叶中的糖、脂肪、蛋白质以及滋味苦涩、对肠胃刺激较大的多酚类物质，生成一系列具有特殊风味的滋味和香气成分。

黑茶产区地理环境的不同导致温度和湿度的差异，加之环境微生物不同、原料选用存在差别、加工工艺各具特色，造就了不同品类的黑茶。云南普洱茶、湖南安化黑茶、陕西泾渭茯茶、广西六堡茶等耳熟能详的茶叶，就是各地代表性的黑茶品类。

不同黑茶的主要微生物

- 普洱茶 
  - 黑曲霉、酵母、灰绿曲霉、青霉
  - 根霉、土生曲霉、白曲霉、细菌类
- 茯砖茶 
  - 冠突散囊菌、间型散囊菌、匍匐散囊菌
  - 谢瓦散囊菌、阿姆斯特丹散囊菌、黑曲霉
  - 毛霉、拟青霉、草酸青霉、短密青霉
- 六堡茶 
  - 青霉、曲霉、黑曲霉
  - 金黄色散囊菌
- 青　砖 
  - 曲霉属、青霉属、散囊菌属、细菌
  - 放线菌、酵母
- 康　砖 
  - 芽孢杆菌属、葡萄球菌属、假丝酵母菌属
  - 黑曲霉属、青霉属、灰绿曲霉属、毛霉属

绿　茶

延秋园丁

明前嫩芽尖
妙手翻飞拈
玉露润新绿
乍苦回甘甜

清新雅致，绿茶

绿茶是中国百姓生活中最常饮用的茶类，产量和销量都位居六大茶类之首，具有“清汤绿叶，滋味鲜爽”的品质特征。

绿茶的分布

绿茶产区遍布半个中国，各个茶产区几乎都生产绿茶。北到甘肃、山东、陕西，南到海南和宝岛台湾，其他还包括浙江、江苏、安徽、河南、湖南、湖北、江西、四川、重庆、福建、广东、广西、云南、贵州，涵盖了南方诸省区。

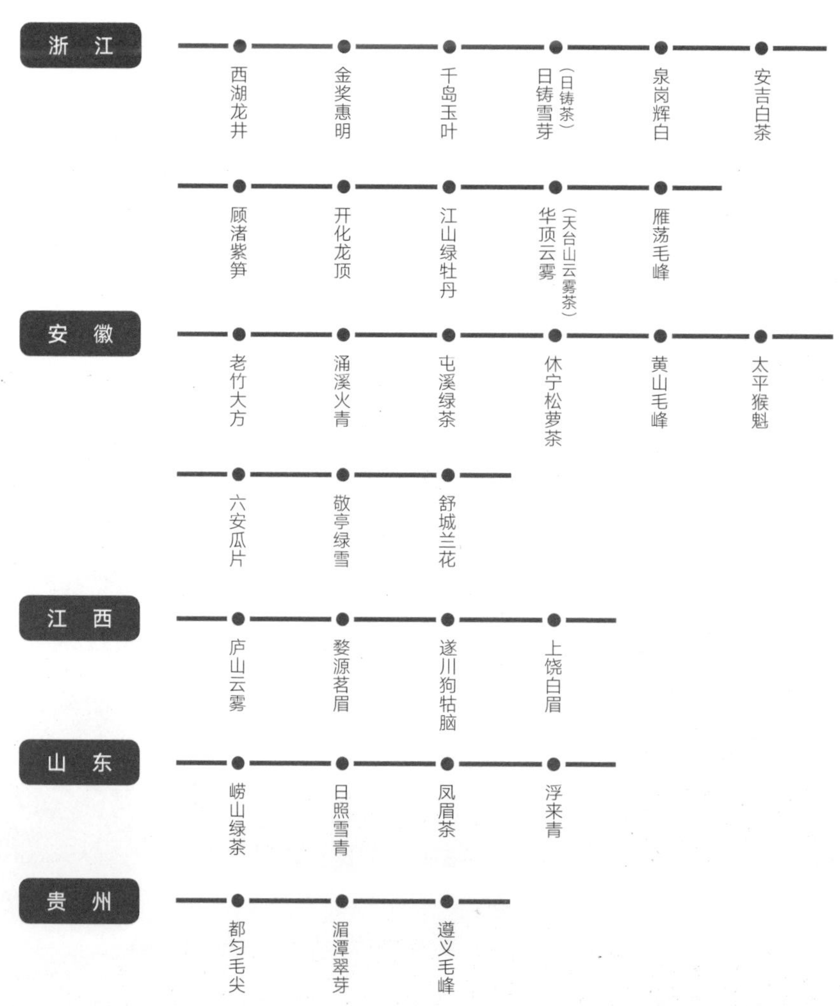

河南

信阳毛尖　仰天绿雪

陕西

午子仙毫　紫阳毛尖

福建

南安石亭绿　七境堂绿茶　宁德天山绿茶

广西

桂林毛尖　覃塘毛尖　南山白毛茶

湖南

高桥银峰　韶山韶峰　安化松针　石门银峰　古丈毛尖　江华毛尖　大庸毛尖

四川

蒙顶甘露　峨眉竹叶青　永川秀芽　峨眉毛峰（凤鸣毛峰）

江苏

洞庭碧螺春　南京雨花茶　金坛雀舌　阳羡雪芽　太湖翠竹

湖北

峡州碧峰　云雾毛尖　金水翠峰　金竹云峰　天堂云峰

绿茶的分类与品质特征

中国绿茶品类繁多，少说也有300种以上，色香味形丰富多样，分类方法也多种多样。

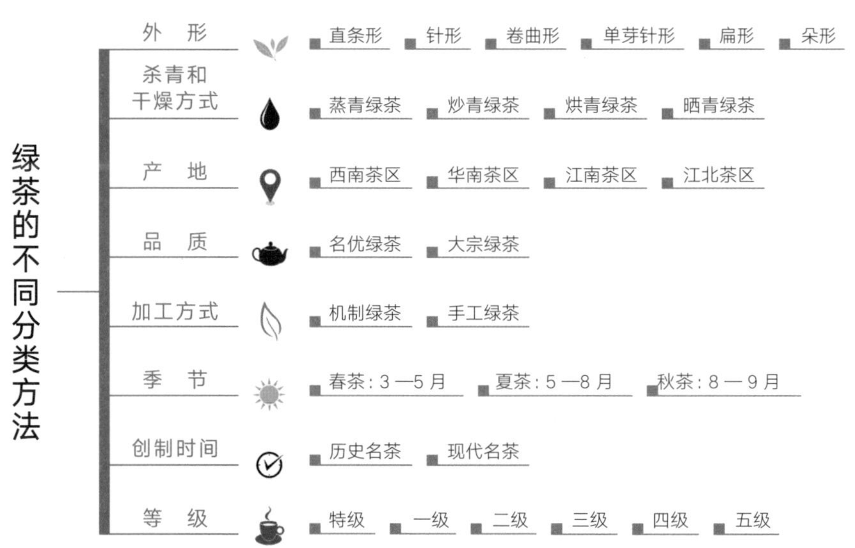

最常用的绿茶分类方法是按照杀青和干燥方式进行分类，分为蒸青绿茶、炒青绿茶、烘青绿茶、晒青绿茶。

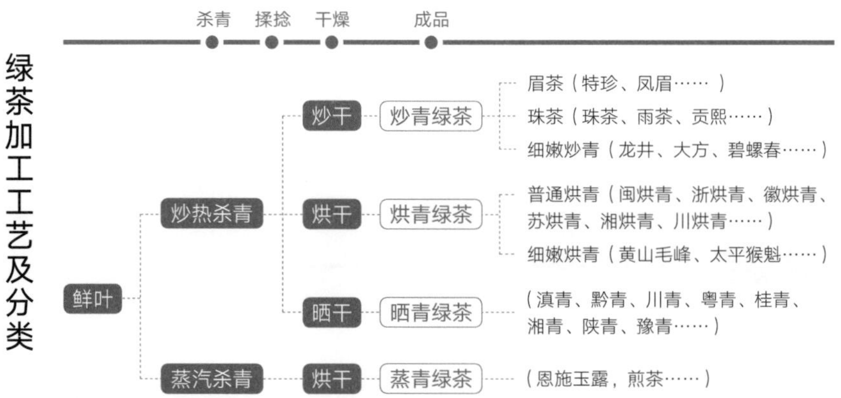

蒸汽杀青是唐代、宋代及明代早期主流的茶叶杀青方式，并在宋代传入日本，演变成了日本抹茶的生产方式。蒸青绿茶具有“三绿”的品质特征：干茶色泽深绿、茶汤浅绿、叶底青绿。滋味鲜爽甘醇，带有海苔味。

锅炒杀青出现于明代，由于炒锅温度高，有利于栗香香气成分的生成，香气高，绝大多数名优绿茶都属于炒青绿茶。

烘青是用烘笼进行烘干，香气一般没有炒青高，除黄山毛峰、六安瓜片、太平猴魁等少数名优烘青绿茶外，烘青绿茶一般主要用作窨制花茶的茶坯。

晒青绿茶是用日晒的方式进行干燥，主要用于制作黑茶的原料。

绿茶的储藏

绿茶重在新鲜，对于绿茶这类重视时令、讲究鲜嫩的茶类来说，如何在储藏过程中最大限度地保持滋味香气的新鲜感，一直是茶人们所追求的。但也正是因为绿茶未经过发酵，在储藏过程中需要控制的条件包括氧气、湿度、温度和光照，防止由于储藏不当引起的氧化反应而导致茶叶颜色逐渐变暗、香气下降、滋味酸化。

绿茶储藏过程中，温度对品质的影响最大，基本起到了绝对性的影响。其次是氧气的作用，光照和湿度的影响最小。研究表明，绿茶的最佳存储环境条件为温度≤5℃，相对湿度≤60%，避光，存放环境无异味，同时干茶含水量控制在6%～7%以下。

为了实现对绿茶的最佳存储，最基础的方法是低温储藏。贮存期6个月以内的（可以在6个月内喝完的），可将绿茶装入厚实、避光、无异味的食品包装袋（铝箔复合材料的包装袋效果最好）或者密封性好的金属盒中，置于冰箱冷藏室内即可。贮藏期超过半年的，可以放在冷冻室。需要提醒注意的是，茶叶具有吸附气味的特性，因此在冰箱或冷柜保存时要避免和其他食品混放，并做好密封，以免串味。从冰箱取出茶叶时，应先让茶叶温度回升至室温，再开袋取出茶叶，否则骤然打开内袋，茶叶温度与室温相差过多，极易凝结水汽，以增加茶叶的含水量，使袋中的茶叶加速劣变。

建议在包装袋中放入干燥剂和除氧剂，对茶叶保鲜也有一定的好处。早在明清时期，古人就有使用干燥剂的习惯，他们将茶叶放在内部衬有箬叶的瓮或缸中，内放干木炭或生石灰封密，置于干燥通风处来驱潮保鲜。

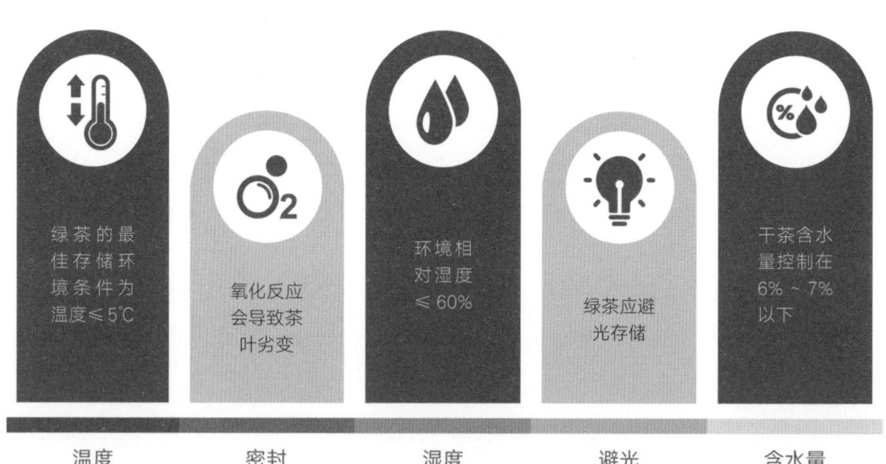

绿茶存储条件

绿茶的品饮

高档细嫩的名优绿茶，一般使用玻璃杯或瓷杯，无须加盖。玻璃杯的好处，一是透明，便于欣赏茶姿；二是便于观察，防止嫩茶泡熟后失去鲜嫩色泽和鲜爽味道。当然还可以用瓷壶、玻璃壶、盖碗冲泡。

投茶量的多少可依个人口味而定，一般3克绿茶，150毫升的水为宜，即茶水比1∶50为佳。关于冲泡水温，对于西湖龙井、洞庭碧螺春、玉露等细嫩绿茶可用70～80℃的水冲泡；对于六安瓜片、太平猴魁等采开面叶的绿茶可用80～90℃的水冲泡。一般玻璃杯冲泡品饮，可续水冲泡三次。

西湖龙井

黄山毛峰

恩施玉露

白茶

延秋园丁

轻制韵未殇

毫芒泛银光

唇齿留鲜爽

功效性清凉

纯粹自然，白茶

白茶是我国特有茶类，也是工序最简单的一种茶类，因此白茶能够呈现出最拙朴自然的鲜甜口感。传统的白茶制法，要求采摘福鼎大白茶、福鼎大毫茶、政和大白茶、福建水仙种、上饶大面白等多茸大毫的茶树品种的鲜叶，不炒不揉，仅经萎凋和干燥。独特的原料选择和简洁的制作工艺，使得白茶在制成之后，依然能满披白毫，根根分明，泡水之后更是剔透晶莹。白毫不仅美观，而且味道鲜爽的茶氨酸等氨基酸含量极高。白毫中氨基酸含量是叶片的1.3倍，这使得白茶具有一种独特的“毫香”，清新自然，带着淡淡的回甘。

白茶的分布、分类与品质特征

福建省是白茶的发源地，白茶主产区除了福鼎、政和外，还有福建省的松溪和建阳等县，台湾也有少量生产。多年来，白茶一直是“墙里开花墙外香”。自清朝末年起，就开始销往海外。近几年，随着白茶在国内兴起，云南、广西、广东、江西、贵州等地也有白茶产品。

白茶根据茶树品种、采摘标准和加工工艺的不同，可以细分为白毫银针、白牡丹、贡眉、寿眉、新工艺白茶等。需要提醒的是，这些年流行起来的“安吉白茶”产于浙江安吉，其实是一种极为鲜爽的绿茶品类，因为采摘时叶片呈现白色而称之为“白茶”。

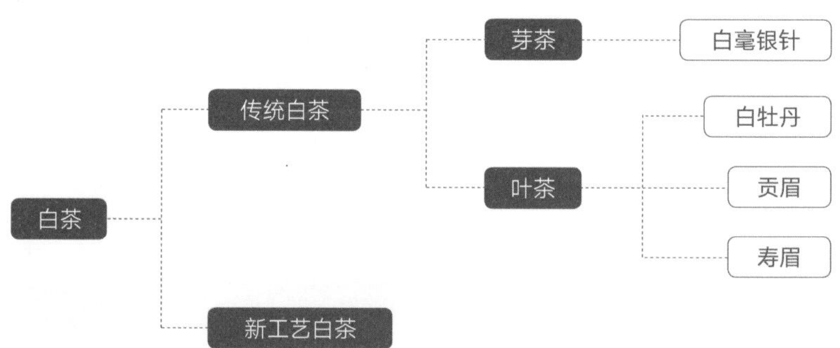

白毫银针是白茶中的极品，原料主要为采摘自福鼎大白茶品种或政和大白茶品种中春茶嫩梢的肥壮单芽，也有采一芽一叶后到室内剥去叶片后制作而成，俗称“抽针”。

白牡丹原料以政和大白茶、福鼎大白茶为主，也有用水仙种，采摘头春的一芽二叶制成。白牡丹因其绿叶夹银白色毫心，形似蓓蕾，冲泡后宛如牡丹初绽，故得美名，是白茶中的佳品。

贡眉和寿眉的产量约占白茶总产量的一半以上，贡眉以菜茶（当地的有性群体茶树的别称）一芽二三叶制成，品质次于白牡丹。这种用菜茶芽叶制成的毛茶因芽毫瘦小，故称为“小白”，以区别于福鼎大白茶、政和大白茶茶树芽叶制成的“大白”毛茶。用制作白毫银针“抽针”时剥下的单叶，或白茶精制中的片茶按规格配制而成的白茶称为寿眉。

白茶的储藏

白茶有“一年茶、三年药、七年宝”的说法，由于白茶未经过杀青，茶叶中的活性酶未被破坏，存放过程中茶叶中小分子茶多酚缓慢的氧化聚合成茶色素，使茶汤的苦涩味逐渐降低，滋味变得更加醇和。香气由新茶的毫香逐渐转变为清新的荷叶香（3 ~ 5年），再被打磨成清甜枣香（8年以上），最后蜕变成醇厚甜润的药香（15年以上）。陈化过程中，有杀菌消炎作用的黄酮类成分不断增加，这也是老白茶具有保健价值的物质基础之一。福鼎人将老白茶视为消炎杀菌的圣品，感冒、湿疹、牙龈肿痛，都要泡上几杯老白茶来喝。

白茶的存储条件对后期的物质转化非常重要。白茶存储温度宜控制在25℃以下，相对湿度在70%以下。日常生活中，将白茶放在常温阴凉、通风干燥的环境中保存即可，注意避光、防潮、防异味。

白茶的品饮

白茶的冲泡有多种选择，白毫银针和白牡丹建议选择玻璃杯和盖碗冲泡，当然还可以用瓷杯、瓷壶、玻璃壶、紫砂壶冲泡。用玻璃杯冲泡，可以欣赏到白毫银针、白牡丹在杯中舒展的优美姿态。用盖碗冲泡，虽无法欣赏到茶叶在水中的曼妙身姿，但是茶叶的香气和滋味更易显现。对于贡眉、寿眉以及白茶饼，选择盖碗冲泡比玻璃杯更合适。对于存放多年的老白茶可以用紫砂壶冲泡或者用煮茶的方式饮用，煮茶可选择玻璃壶、陶壶、蒸汽煮茶壶、提梁紫砂壶、银壶等。玻璃壶更适合新手，可以观看到壶里茶的状态，并且适合现煮现喝。陶壶适合煮茶经验丰富的茶客，并且陶壶保温性能好，可以煮好一壶慢慢品饮。蒸汽煮茶壶可以实现茶水分离，煮出的茶汤不浑浊。煮茶时，选择炭炉比电炉更适合老白茶的脾性。

投茶量的多少可依个人口味而定，一般4克白茶，150毫升的水为宜。

关于水温的选择，白毫银针、白牡丹可用80 ~ 90℃开水冲泡，贡眉、寿眉、饼茶可用沸水冲泡或者煮茶，能更好地唤醒茶性。

关于冲泡时间和次数，第一泡20秒内出汤为宜，以后每泡增加20 ~ 30秒。白茶一般可冲泡4 ~ 6次，且无需润茶。

黄 茶

延秋园丁

揉捻闷双黄
银针起舞忙
滋味厚醇和
小众待辉煌

温润甘醇，黄茶

黄茶属轻发酵茶类，加工工艺与绿茶相类似，只比绿茶多了一道“闷黄”的工序。“闷黄”是将杀青、揉捻、初烘后的茶原料趁热用布或纸包裹，堆积黄变，使茶坯在水和热的作用下进行非酶促氧化反应，苦涩的酯型儿茶素发生氧化和异构化，蛋白质水解成氨基酸，淀粉水解成可溶性糖，最终形成了黄茶“干茶黄、茶汤黄、叶底黄”的“三黄”特征，滋味浓醇鲜爽、不苦不涩、香气清悦。

黄茶的分布

黄茶是六大茶类中品种最少、产量最低、知名度也最小的一类茶，可以说是中国茶类中的小众茶类，生产黄茶的地区有湖南、四川、浙江、安徽、广东、湖北、贵州。

黄茶产量低，这并非黄茶香气和滋味不如其他茶类，而是有历史原因的。新中国成立初期，受当时经济条件的影响，需要用茶叶来换取外汇，而当时主要的出口国苏联，当地人大多饮用红茶。因此当时黄茶最大的产出地霍山县全部改制红茶，直到中苏关系破裂，红茶出口受阻，绿茶及黄茶才重新得以生产。但是，黄茶的制作工序已几近失传，特别是黄茶“闷黄”的特殊工艺很难掌握，当地又缺乏关于传统工艺的记录资料，所以当年恢复的霍山黄芽也不能完全保留传统工艺。这也就是为什么现在市场上黄茶质量参差不齐，很多黄茶甚至并没有很明显的“黄汤黄叶”特征。如今很多黄茶的主产区，其主产的茶叶并非黄茶，造成了黄茶产地很多，但黄茶产量极低的尴尬局面。对于很多人来说，黄茶貌似都听过，却只闻其名，不得其香。

黄茶的分类与品质特征

黄茶按鲜叶老嫩、芽大小，可分为黄芽茶、黄小茶和黄大茶三类。黄茶品质特征除了黄叶黄汤的共同特点外，各类黄茶的造型和香味也各具特色。

黄芽茶采摘单芽或一芽一叶加工而成，主要包括湖南岳阳洞庭湖君山的君山银针，四川雅安蒙顶山的蒙顶黄芽和安徽霍山的霍山黄芽。

黄小茶采摘一芽一叶、一芽二叶加工而成，其品种主要包括湖南岳阳的北港毛尖、湖南宁乡的沩山毛尖、湖北远安的远安鹿苑和浙江温州、平阳一带的平阳黄汤。

黄大茶采摘一芽二三叶甚至一芽四五叶为原料制作而成，主要包括安徽霍山的霍山黄大茶和广东韶关、肇庆、湛江等地的广东大叶青。

黄茶的储藏与品饮

同绿茶一样，当年的黄茶最好当年喝完，储藏方法可以参考绿茶。

黄茶可以选择玻璃杯、盖碗、瓷杯、玻璃壶、瓷壶、飘逸杯等茶具进行冲泡。君山银针等黄芽茶尤以直筒玻璃杯冲泡最佳，可以欣赏到茶叶缓缓上升，升而复沉，沉而复升，最后沉入杯底的过程，如刀枪林立，似群笋破土。芽头肥壮的茶都会观赏到“浮浮沉沉”的妙趣奇观，尤以君山银针为甚，有“三起三落”之称，让人不禁想起“陌上人如玉”。对于黄小茶和黄大茶这两类嫩度不太高的茶更推荐选用盖碗或茶壶，确保能够及时将茶水分离，以避免浸泡时间过长导致茶味太过浓重。

投茶量的多少可依个人口味而定，一般4克黄茶，150毫升的水为宜。黄芽茶可用80 ～ 85℃开水冲泡，黄小茶和黄大茶可用90 ～ 95℃开水冲泡，能更好地唤醒黄茶的茶性。黄茶是轻微发酵的茶，与绿茶的特性比较接近，冲泡的时候只要比绿茶的冲泡时间稍微长两三秒钟即可。黄茶一般可续水冲泡3 ～ 4次，且无需润茶。

乌龙茶

延秋园丁

闽台竟名青
凤凰盛单丛
茗香扑面醺
乡商同为荣

茶香多变，乌龙茶

乌龙茶产量在六大茶类中不是最高的，但香气绝对是最多变的。不同的茶树品种、不同的工艺组合和火候，造就了乌龙茶“香水”般奇妙又多样的香气类型。兰香馥郁的铁观音、岩骨花香的大红袍、栀子花香浓郁的凤凰单丛、熟果香和蜜香的台湾东方美人茶都属于乌龙茶。

乌龙茶的分布与分类

乌龙茶为中国特有的茶类，主产于福建、广东、台湾等地，四川、湖南也有少量生产。乌龙茶除了内销外，主要出口日本及东南亚各地。

乌龙茶品种繁多，按产地可划分为闽南乌龙茶、闽北乌龙茶、广东乌龙茶和台湾乌龙茶，此外还可以根据产品形态和发酵程度等进行分类。

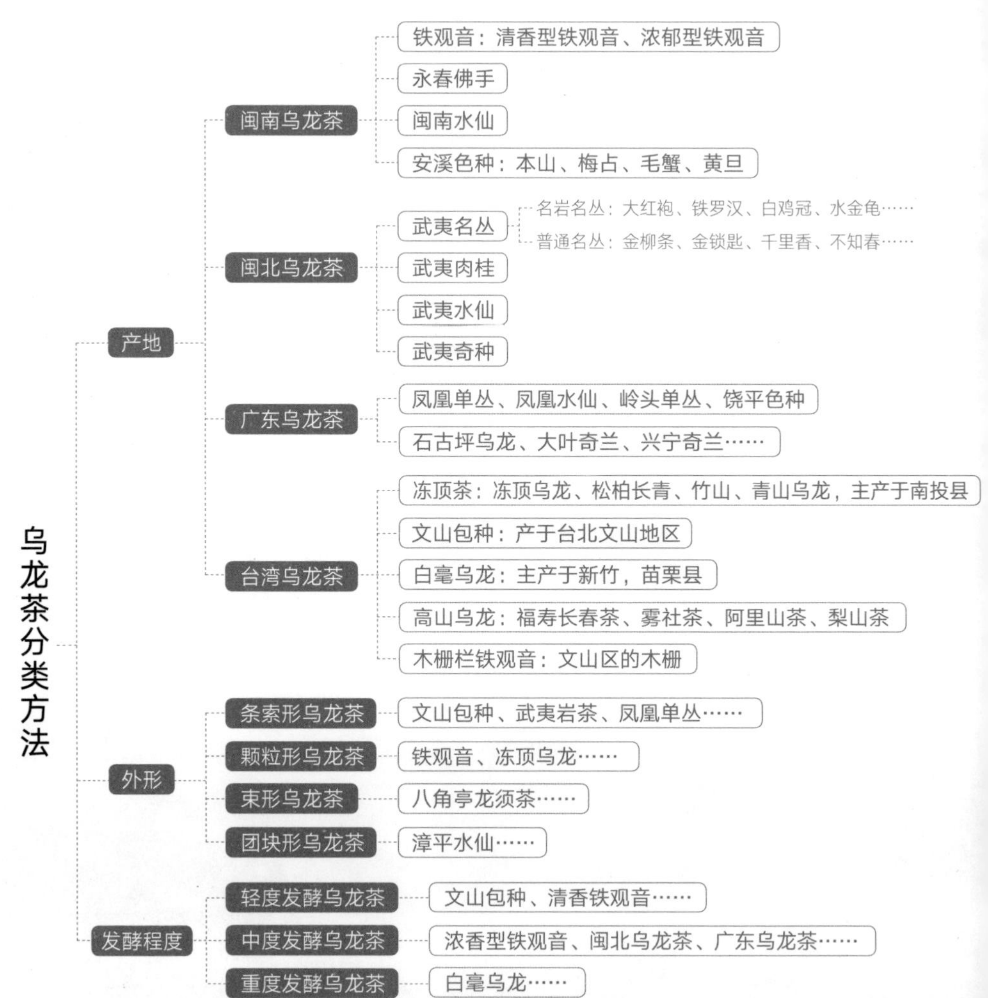

近些年来还诞生了很多“跨界”的新品类乌龙茶，由中茶厦门公司出品的金花香橼就是一个例子。

金花香橼是以永春佛手（亦称香橼）乌龙茶为原料，用厦门茶叶进出口有限公司的“海堤焙酵工艺”结合传统茯砖茶的金花发酵工艺加工而成，其特点是金花茂盛、菌花香浓、滋味醇厚。

金花香橼

中粮营养健康研究院、厦门茶叶进出口有限公司、中茶科技（北京）有限公司组成的联合研究团队通过动物实验和人群试验也证明，金花香橼对调节血脂和肠道菌群具有非常好的作用。通过进一步的营养成分研究发现，金花香橼含有的茶多酚、黄酮及其苷类化合物、生物碱、糖苷类化合物等成分，特别是经过冠突散囊菌发酵后增加的茶多糖，是其发挥健康作用的主要功能因子。为了更好地保护金花香橼的独特性，联合研究团队将“OGHF”定义为金花香橼的身份标识，并申请通过了注册商标保护。其含义为，一种将乌龙茶（O-oolong）与金花（G-golden）发酵工艺有机结合形成的创新茶叶，含有多种食品源功能因子（F-factor），将成为现代人健康（H-health）饮食生活方式的又一选择。

乌龙茶的品质特征

不同的乌龙茶除了共有的“绿叶红镶边”的基本特征外，外形、香气、滋味更是异彩纷呈，从广东的凤凰单丛茶的名字就可以看出乌龙茶家族有多么丰富多彩了。

凤凰单丛是从国家级茶树良种凤凰水仙品种中分离、选育出来的品种、品系，目前有80多个品系，有以叶形命名的山茄叶、柚叶、竹叶等，有以叶色命名的白叶、乌叶，有以香气命名的蜜兰香、黄栀香、芝兰香、桂花香、玉兰香、肉桂香、杏仁香、柚花香、夜来香、姜花香十大香型，有以成茶外形命名的大骨杠、丝线茶、大蝴蜞等。此外，还有以树型、产地、历史故事及传说命名的名称。

乌龙茶的储藏

文山包种和清香型铁观音等发酵程度较轻的乌龙茶适合低温储藏，可参考绿茶储藏方法。其他乌龙茶密封包装后储藏在阴凉、干燥、无异味的环境中即可。

乌龙茶的品饮

乌龙茶的冲泡尤其讲究茶水分离，避免茶叶浸泡时间过长导致茶汤滋味苦涩，最宜用盖碗、紫砂壶冲泡，冲泡后细嗅盖子上妙不可言的香气，是欣赏乌龙茶的重要环节。当然还可以选择玻璃壶、瓷壶、瓷杯、飘逸杯等进行冲泡。

投茶量的多少可依个人口味而定，一般5 ～ 7克茶叶，150毫升的水为宜，茶水比为1：20至1：30。除了白毫乌龙等少数嫩采乌龙茶宜采用85 ～ 90℃开水冲泡以外，铁观音、武夷岩茶等采开面叶的乌龙茶宜用沸水冲泡。

关于冲泡时间和次数，第一泡茶闷茶时间10 ～ 20秒不等，以后每一泡要顺延10 ～ 30秒。颗粒形（铁观音等）、束形（八角亭龙须茶）和团块形乌龙茶（漳平水仙）每泡的冲泡时间较条形（武夷岩茶等）长。乌龙茶一般可冲泡5 ～ 7次，优质的乌龙茶冲泡12次以上仍有余香。

乌龙茶需要润茶，目的是唤醒茶香，润茶的水温同泡茶水温。润茶时，注水至盖碗或紫砂壶的上沿，用杯盖或壶盖刮去浮沫后盖上闷润3秒左右，而后倒出茶汤。

大红袍
文山包种
浓香型铁观音
凤凰单丛

红　茶

延秋园丁

神奇东方叶
酵菌酿精华
轻啜身自暖
天下共一茶

红艳甜蜜，红茶

红茶和白茶是六大茶类中不用高温杀青、钝化茶鲜叶内源酶活性的两个茶类。红茶制作过程中，鲜叶萎凋后需要揉捻或揉切，让鲜叶中的内源酶与叶片中的成分充分接触，并且在接下来的发酵工序中，通过控制适宜的温湿度条件，让茶鲜叶中的内源酶充分的、尽情地发挥作用，使其叶绿素、茶多酚、蛋白质和淀粉等成分充分的氧化和水解，最终形成红茶“红汤红叶、香甜味醇”的基本特征。

红茶的分布

虽然绿茶是我国产量和销量最高的茶，但国外销量最高的却是红茶。世界上最早的红茶是中国明朝时期福建武夷山茶区的茶农发明的“正山小种”，其他红茶都是从小种红茶演变而来的。“正山小种”红茶于1610年流入欧洲，1662年葡萄牙凯瑟琳公主将其作为嫁妆带入英国宫廷，并风靡英国。英国人挚爱红茶，渐渐地把饮用红茶演变成一种极具美学的红茶文化，并把它推广到了全世界。

世界范围内的红茶主产地有中国、斯里兰卡、印度、印度尼西亚、肯尼亚。中国祁门红茶、印度的阿萨姆红茶和大吉岭红茶、斯里兰卡红茶合称世界四大红茶。中国祁门红茶、印度大吉岭红茶、斯里兰卡锡兰高地红茶并称世界三大高香红茶。

在中国，红茶主产于福建、安徽、云南、江西、江苏、浙江、湖北、湖南、四川、贵州、广东、广西等省区。

红茶的分类与品质特征

红茶按照初制加工工艺不同可分为小种红茶、工夫红茶、红碎茶。小种红茶产自福建武夷山一带，只有产自武夷山市星村镇桐木关一带的小种红茶才可以称为“正山小种”，其他被称为“外山小种”。传统的小种红茶由于其特有的“过红锅”和“烟熏”工序，使其具有独特的松烟香和桂圆的味道，现代很多小种红茶制作过程中省略了这两道工序。工夫红茶是在小种红茶的基础上演变而来的，由于制作工艺更为精细而得名，根据主产省份不同分为祁红、滇红、闽红、宜兴红茶、宁红、越红、川红、英红、昭红等。红碎茶多以大叶种茶叶为原料，“揉切”制成的外形呈碎片或者颗粒形碎片状的红茶。著名的阿萨姆红茶、大吉岭红茶、锡兰红茶都属于红碎茶，中国的红碎茶也主要供出口。

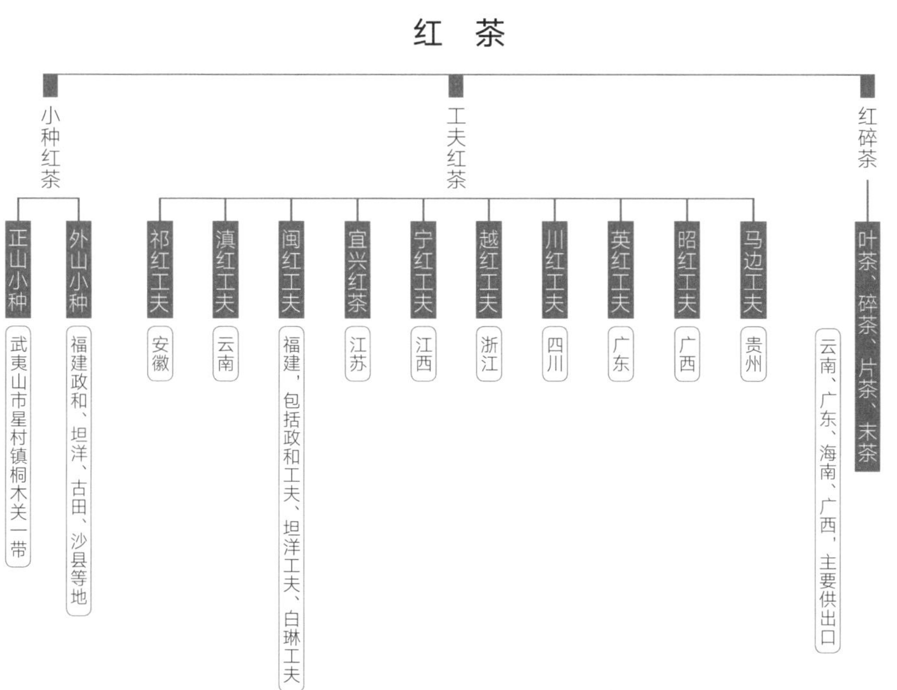

无论是小种红茶还是各地的工夫红茶，都带有浓浓的地域特色，不同的产地有不同的茶树品种，不同的加工工艺造就了不同的品质特征。而名茶的“产地”“山头”概念也带来了真假混淆、价格波动剧烈等市场乱象。事实上，任何地域的茶都有自己的优点和不足。2009年，厦门茶叶进出口有限公司通过精心拼配技术，改变高档红茶产地概念为品牌概念，创制出风格独特，具有自主知识产权的品牌产品——“海堤红”红茶。研发人员精选印度大吉岭、斯里兰卡、尼泊尔，中国福建、贵州、安徽等全球洁净的高山茶园基地，采摘单芽或一芽一叶红茶原料，经过厦茶独特的工艺加工而成。“海堤红”外形条索紧细，锋苗显秀，显金毫，用85℃开水冲泡，汤色黄艳带金圈，经专业茶师调配，是一种花香与果香混合的综合香型，滋味鲜、爽、甘、活，喉韵悠长。

红茶的储藏

红茶是全发酵茶，最容易被氧化的茶多酚在红茶制作过程中几乎全部氧化。因此，红茶性质相对稳定，储藏较为简单，只需密封保存于常温常湿（湿度可参考白茶的70%）的室内，洁净、避光、无异味的环境中即可。

红茶的品饮

与乌龙茶类似，红茶冲泡同样讲究茶水分离，避免茶叶浸泡时间过长导致茶汤滋味酸涩，因此红茶更适合用盖碗或精美的下午茶欧式茶具来进行冲泡。当然，对于红碎茶则建议选择带有滤网的飘逸杯、滴滤壶等进行冲泡。

投茶量的多少可依个人口味而定，一般3～5克茶叶，150毫升的水为宜，茶水比1∶30～1∶50。红茶宜用沸水冲泡，对于芽叶细嫩的红茶则选用90～95℃开水冲泡。冲泡时间不需要太久，前几泡十秒以内就可出汤，如果时间过长，则容易造成茶汤苦涩。红茶一般可续水冲泡3～5次。红茶冲泡时也无需润茶。

黑茶

延秋园丁

熟醇生久佳
妙境育金花
原本边销茶
今入千万家

醇厚内敛，黑茶

黑茶是中国特有的茶类，相比于其他茶类，黑茶原料较为粗老，加之制作过程中的渥堆发酵时间较长，因而叶色呈现油黑或黑褐色，故称黑茶。过去黑茶主要作为“边销茶”供边区少数民族饮用，现在黑茶已经成为全国流行的畅销茶。

黑茶又叫后发酵茶，其发酵主要依靠渥堆过程中环境微生物的作用。所谓的“后”发酵茶，正是相对于白茶、乌龙茶、红茶依靠茶鲜叶中自带的内源酶的酶促氧化发酵而言的。黑茶的加工工艺包括杀青、揉捻、渥堆、干燥，有的黑茶后续可能还会有第二次渥堆。在杀青的过程中，茶鲜叶自带的内源酶基本已经完全失去活性，而在渥堆的工序中，环境中的微生物以茶叶自身的物质成分为滋养，快速生长繁殖，生成一系列具有特殊风味的代谢产物。当然，这些特殊的风味不是每个人都一下子就能欣赏得来的，所以对于黑茶的喜好存在较大的个体差异。黑茶发酵后，茶叶中刺激肠胃的儿茶素、咖啡因等成分降低，因而对人体更为温和。

黑茶的分布、分类与品质特征

黑茶的主要产地有湖南、湖北、四川、云南、广西等，主要品种有湖南安化的黑砖、花砖、茯砖、千两茶、湘尖，云南的普洱茶（普洱熟茶和普洱生茶），湖北青砖，广西六堡茶以及四川的方包、康砖、金尖等。此外，1958年停产后，又于2007年恢复生产的陕西泾渭茯茶，产于安徽祁门县的安茶也是比较有名的黑茶。

不同黑茶所用原料、加工工艺以及发酵微生物种类的差异，决定了其截然不同的感官品质特征。同其他茶类相比，黑茶汤色普遍较深、口感醇厚、回甘缓慢，并且具有独特的“菌香”。

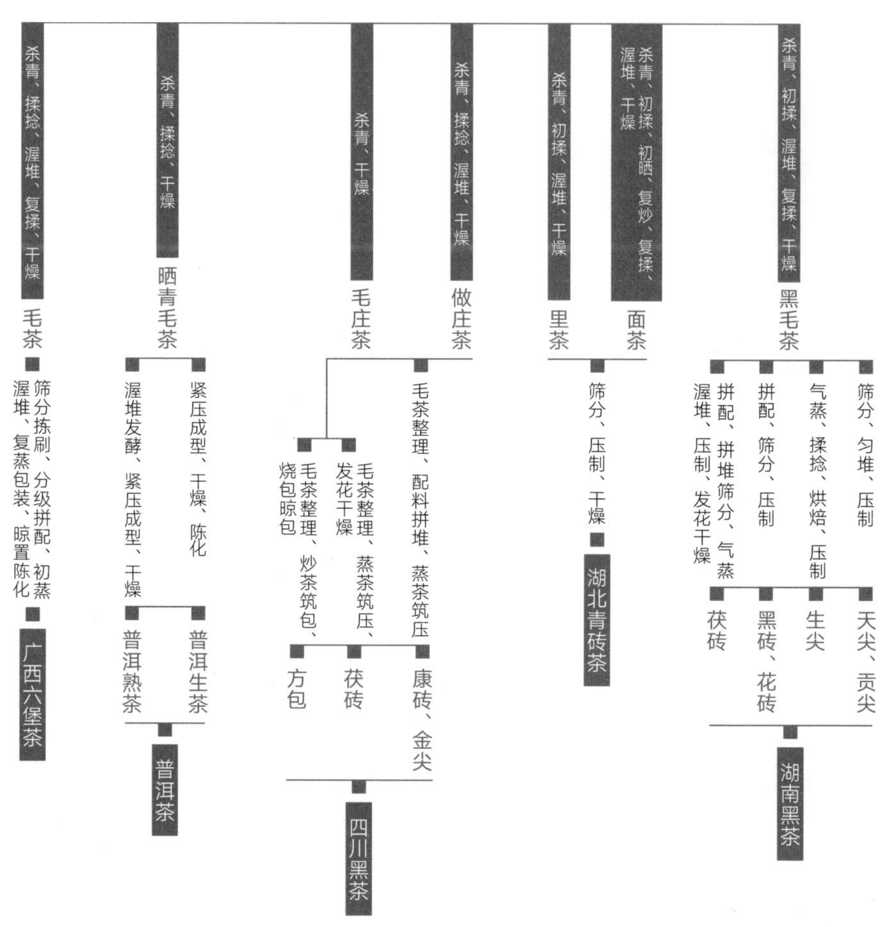

黑茶的储藏

黑茶是保质期最长的茶类，可达几十年甚至上百年。随着存放年份的增加，滋味愈加醇和、香气愈加陈纯，愈久弥香正是黑茶的魅力所在。品一款珍藏的好茶，悉心感受岁月沉淀下的独特风韵，在茶香中感受时光的力量。

但黑茶的保质期也不是无限长的，无论什么茶都有最佳陈放时间，在这个时期以前，品质呈上升趋势，之后就会逐渐下降。不同的黑茶由于原料、工艺、后期陈放条件等的不同，最适合的存放时间也不一样。一般饼茶较散茶更适合收藏，后发酵程度轻的茶较后发酵程度重的茶适宜陈放的时间更长。据记载，在常规条件下，生普至少要贮藏20年，才会呈现出尚好的口感和滋味，而要臻于完美，达到陈茶的境界，至少需要50年的陈化时间。熟普要存放2 ~ 3年才能将堆味散去，形成较好的风味和品质；5 ~ 7年，可以达到顶峰品质，但最长陈放时间最好不要超过30年。

黑茶的存放要求不受阳光直射、雨淋、环境清洁卫生、干燥、通风、无杂味异味即可。

黑茶的品饮

黑茶宜用盖碗、紫砂壶等茶具，经沸水冲泡。存放多年的黑茶也非常适合煮饮。投茶量的多少可依个人口味而定，一般以3 ~ 5克茶叶，150毫升的水为宜，茶水比为1∶30 ~ 1∶50。

黑茶用沸水冲泡。首次冲泡，约1分钟左右即可出汤，叶底继续冲泡。随着冲泡次数的增加，根据实际情况，冲泡时间可慢慢延长，从1分钟逐渐增加至数分钟。黑茶一般可冲泡7 ~ 8次，好茶甚至可以冲泡十余次。黑茶需要沸水润茶1 ~ 2次，以使茶香更加纯正。润茶速度要快，每次以不超过3秒为宜，以免损失茶汤的滋味。

再加工茶

“冰雪为容玉作胎，柔情合傍琐窗开。香从清梦回时觉，花向美人头上开。”足见诗人王士禄对茉莉喜爱之情的深殷，用茉莉窨茶，茶得花香，则使花茶更有“窨得茉莉无上味，列作人间第一香”的美称，而花茶在茶叶分类里属于再加工茶，在六大基本茶类之外。

百花齐放，再加工茶

再加工茶是如何定义的呢?

在陈宗懋院士主编的《中国茶叶大词典》中，对再加工茶类的定义是以基本茶类的茶叶原料经再加工而形成的茶叶产品。因此再加工茶是以绿茶、红茶、乌龙茶、白茶、黄茶、黑茶为原料，采用一定的工艺方法，利用茶叶的吸附性，使茶叶吸收花香，以改变茶的形态、品性以及功效而制成的一大茶类。根据《茶业通史》中对茶叶分类的理论，“茶叶分类应该以制茶方法为基础。从这种茶类演变到那种茶类，制法逐渐革新、变化，茶叶品质也不断变化，因而产生了许多品质不同，但却相近的茶类。由量变到质变，到了一定时候，就成为一种新茶类。”

再加工茶的分类与品质特征

再加工茶类包含花茶、紧压茶、萃取茶、果味茶、药用保健茶和含茶饮料等。

花茶主要以绿茶、红茶或者乌龙茶作为茶坯，配以具有香气的鲜花（一般采用茉莉、桂花等），采用窨制工艺制作而成，主产于福建福州、浙江金华、安徽歙县、四川成都、江苏苏州、广西横县等地。花茶根据窨制香花品种的不同分为茉莉花茶、珠兰花茶、玫瑰花茶、桂花花茶、栀子花茶、白兰花茶、玳玳花茶等，根据茶坯种类的不同分为烘青花茶、炒青花茶、红茶花茶、乌龙茶花茶等。经过窨制，花茶形香兼备，茶引花香，花增茶味，品啜甘霖，别具风韵。

紧压茶是以黑茶、红茶或绿茶等为原料，经过渥堆、蒸、压等工艺过程制作成不同形状的茶叶，有砖形、饼形、碗形、方形等。紧压茶的多数品种比较粗老，干茶色泽黑褐，汤色澄黄，根据原料不同可分为：

绿茶紧压茶：代表品种有云南沱茶、方茶、竹筒茶；

红茶紧压茶：代表品种有湖北的米砖、小京砖等；

乌龙紧压茶：代表品种有福建的水仙饼茶等；

黑茶紧压茶：代表品种有湖南黑砖、茯砖、湘尖、花砖。

萃取茶是以成品茶或半成品茶为原料，用热水萃取茶叶中的可溶性物质，再经特定工艺将茶汤浓缩、干燥而制成。萃取茶主要有罐装饮料茶、浓缩茶、速溶茶以及茶膏，速溶茶主要有速溶红茶、速溶绿茶、速溶乌龙茶等，这种饮料茶的浓度一般为2%，符合大多数人的饮用习惯。

果味茶由茶及果汁、烘干果干、果粉等加工调配而成，保留有水果的甜蜜风味，口感酸中带甜，我国生产的主要有柠檬红茶、荔枝红茶、猕猴桃茶等。

药用保健茶是以绿茶、红茶或乌龙茶、花草茶为主要原料，配以确有疗效的单味或复方中药调配后制成。

再加工茶的储藏

整体而观，因再加工茶具备含水量高、易变质的特性，保存应重点预防虫蛀和受潮，也要避免阳光直射使再加工茶变质。

细分来看，将再加工茶的储藏分为三类常见的存放方式。

花茶存放要点：常温保存。因花茶具有浓郁的花香，在低温条件下保存会抑制其香气，因此不用刻意低温，但要注意防潮，需存放于常温、阴凉干燥、无异味、密封的环境中即可。

紧压茶存放要点：紧压茶在存放中有陈化的过程，因此注意存放容器应干净整洁、无异味、保持干燥和通风的环境。

萃取茶存放要点：密封保存，在清洁、防潮、无异味的环境下储藏。

再加工茶的品饮

冲泡花茶，宜用青瓷等材质的盖杯、盖碗等茶具，水温应视茶坯种类而定，花茶可用90℃左右的水冲泡，茶水比为1∶50～1∶60，一般冲泡3分钟左右饮用，通常可冲泡2～3次。冲泡紧压茶时，首先须将紧压茶捣成小块或碎粒状，而后再在柴烧壶内烹煮才可。不但如此，在烹煮过程中，还要不断搅动，在较长时间内，方能使茶汁充分浸出。对于速溶茶，1克速溶茶粉相当于3～4克干茶，因此每次取0.5～1克（通常为1包）速溶茶粉，注入85℃左右热水约200毫升，搅拌均匀，即可享用。

健康饮茶的过去与现在

Jiankang Yincha de Guoqu yu Xianzai

坐酌泠泠水，
看煎瑟瑟尘。
无由持一碗，
寄与爱茶人。

《山泉煎茶有怀》——白居易

第二章

健康饮茶的过去与现在

岁月悠悠，不散茶香。

路途遥遥，不减茶韵。

从三皇五帝到如今，从西南一隅到世界各地，茶叶承载了无数传奇与辉煌。它曾在先民的药谱中做一味良药，在文人的笔下寄托茶人本性，也曾在丝绸之路上颠簸远行，在西方人的杯中徐徐舒展，散发其独特的东方魅力。随着

现代医学对茶叶的研究日益深入，人们对这一片神奇的东方树叶有了更为深刻地认识，对于如何饮茶更健康、如何选用、冲泡一杯适合自己的茶，也有了更多新的见解。

泡上一壶茶，沁入心脾的，是千年如一的清香。

养润身心的，是以科学为证的营养元素。

千年历史传承，茶在中国

那一片叶子，最初与人类相遇时，被当作一剂解毒的药方。几千年前，它告别土地的气息，经过水与火的魔法，阳光与空气的淬炼，带着中国人手掌的温度，变成一杯修身养性的饮品。

在中国历史上，茶曾经是游牧民族的生命之饮，也曾被文人、道士和僧侣喜爱，认为是连接精神世界的良药。经由丝绸之路的传播，茶走向欧洲，更是满足了欧洲人对东方古国的想象。

一叶翠绿，走过漫长的旅程，在世界各地生根。

作为茶的故乡，这一罐芬芳在典籍中又是怎样被书写的呢?

饮茶史：茶叶怎样进入我国人民的生活

1. 得自神农，始于巴蜀

虽然现在的茶是饮品，但在远古时代，我国人民首先是通过咀嚼茶叶应用其功效的。根据后世《茶经》《神农食经》以及有关本草著作的描述，我国用茶的历史可以追溯到三皇时代。“茶茗久服，令人有力、悦志”“神农尝百草，日遇七十二毒，得茶而解之”。这些耳熟能详的句子里所说的“荼”“茗”，都是茶的意思。

真实史料可追溯的饮茶史发源于我国西南。巴人是有历史记载以来，最早饮用茶的先民。东晋人常璩的《华阳国志》是关于我国古代西南地区的地方志，其中详细记载了巴国向周王朝纳贡的清单中，就有“茶”。

公元前59年，王褒在《僮约》中，将“武阳买茶”和“烹茶尽具”作为僮奴杂役差事的一部分，表明汉代在成都附近已经有了茶叶集散地，煮茶的方式也已经出现。人工种茶始于汉宣帝甘露年间，在今天的四川省雅安一带，吴理真在蒙山顶驯化野生茶树。蒙山茶后来演变为“蒙顶甘露”，在我国名茶中历史最为悠久。

2. 秦取蜀，自西而东传入长江中游

“（秦）取蜀而后，始有茗饮之事”。秦汉统一中国，促进了巴蜀地区的开放，是茶叶从西南向北、向东传播的基础。湖南早在公元前168年就设置了茶陵县，表明此时茶叶已经传入长江中游。公元4世纪的文献中记载，“浮陵茶最好”，表明春秋时期，江西一带已经开始制茶。

三国可能是饼茶开始出现的时期。这一时期的《广雅》记载，“荆巴间采茶作饼，成以米膏出之。若饮先炙令色赤，捣末置瓷器中，以汤浇覆之，用葱、姜芼之，其饮醒酒，令人不眠。”表明此时在四川东部、湖南、湖北西部，人们将茶叶采摘制饼，饮用前捣碎成粉末，并且加入一定的调料。到了西晋，荆汉地区的茶业发展迅速。《荆州土地记》记载，“武陵七县通出茶，最好”。之所以要制备成饼，与便于运输有关。

3. 随西晋南渡盛于江南

江南地区饮茶的记录，首见于《三国志》。据说，吴国末代君主孙皓对于重臣韦曜格外照顾，常密赐茶荈以代酒。随着西晋南渡，茶在长江下游地区及东南沿海进一步传播。东晋时期，建康一带已经出现了以茶待客的风俗。与此同时，茶业的重心逐渐东移。南北朝的《桐君录》已经将宜兴茶列为“好茗”。

南朝以后，全国茶叶贸易蓬勃发展，长江中下游地区的茶业随之兴旺发达，产量和制茶技术都有了大幅度的提升。唐代江南制茶之盛，甚至导致安徽祁门周围几乎到了千里之内、山无遗土的程度。

4. 在中原地区形成茶道

由于汉族人口的迁移，我国北方接受茶叶相对较晚。北魏山东的贾思勰在《齐民要术》中，把“茶”列为“非中国物产者”，这里的中国，指的是我国北方，也表明对于中原地区而言，茶是一种外来物。但是到了唐代，这种情况已经有了翻天覆地的变化。中唐时期陆羽撰写《茶经》，是茶文化发展的标志性事件。此时，茶被称为“比屋之饮”。唐代也是我国茶道形成的时代，有宫廷茶道、寺院茶礼、文人茶道的区分。唐代流传下来的茶叶相关文学著作，也大大超过之前任何朝代。

5. 自东向南发展

五代和宋朝初年开始，我国气候转寒，南部茶业随之兴起，并逐步取代长江中下游茶区。福建成为团茶、饼茶的主要技术中心，并带动了岭南茶区的发展。龙凤团茶是当时最为稀有而昂贵的茶叶，有时为了提升香气、提高价值，还会加入龙脑香等香料。宋代著名女词人李清照在《鹧鸪天》中写道："寒日萧萧上锁窗，梧桐应恨夜来霜。酒阑更喜团茶苦，梦断偏宜瑞脑香。"就是当时饮茶习俗的真实写照。

6. 丝绸之路与茶马古道

茶被游牧民族广泛接受，一定是在5—6世纪以后。因为北魏孝文帝的时代，拓跋氏的贵族还在讥讽汉族人的饮食，其中也包括茶。北魏杨衒之的《洛阳伽蓝记》中记录了这一文化碰撞。魏孝文帝问投奔至北魏的南朝官员王素，"茗饮何如酪浆？"王素对答，"茗不中，与酪作奴"。但是到了唐朝，这一情况已经有了很大的改变。这与热爱茶饮的佛教在西部诸国的普及也有着很大的关联。《唐国史补》里，出使吐蕃的常鲁公和吐蕃赞普有一段对话。常鲁公在吐蕃账中烹茶，赞普问，"此为何物？"鲁公答，"涤烦疗渴，所谓茶也！"赞普说，"我此亦有……此寿州者，此舒州者，此顾渚者，此蕲门者，此昌明者，此浥湖者。"赞普所藏名茶丰富，表明唐代茶叶交易的品种很多，所波及的区域已经很广。当时，有一本叫作《甘露海》的藏文书，还列举了十六种来自中原的茶叶。到了唐代中后期，中原和西北少数民族地区已经嗜茶成俗。唐代《膳夫经手录》记载，"今关西、山东，闾阎村落皆吃之，累日不食犹得，不得一日无茶。”晚唐《蛮书》记载，“蒙舍蛮以椒、姜、桂和烹而饮之”，表明一些少数民族喝茶，喜欢加入不同的调料。

丝绸之路和茶马古道是与我国西北、西南等地区民族饮茶有关的两条大动脉。丝绸之路通往西域各国，一开始是汉武帝为了抗击匈奴而开启的。其实，唐代以后这条路上交易的茶叶已远超丝绸。所到之处，当地少数民族形成了一种“恃茶”现象，也就是对茶叶的依赖，其中包括蒙古族、回族、维吾尔族、哈萨克族、柯尔克孜族、乌孜别克族等。奶茶是这些民族最主要的饮品。《新唐书 · 陆羽传》和唐代的《封氏闻见记》记录了回鹘（回纥）以马易茶的贸易；宋明时期的文献也记载了西部地区“茶马互市”的相关史料。

茶马古道的主干道分为滇藏道、川藏道和川陕甘青藏道。由于茶马古道沿路村寨的少数民族村民也有“恃茶”需求，中央政府借茶来协调与少数民族的关系。

7. 百花齐放在明清

为了减轻百姓负担，明政府要求用散茶代替饼茶进贡，从而开启了从简清饮之风，对我国制茶工艺和饮茶方式产生了极大的影响。此时也产生了黑茶、青茶、红茶、花茶的制茶工艺，大大丰富了我国的茶叶品类。这些茶叶随着贸易的发展向各地、各国传播；逐步形成了区域性的饮茶风俗。北方人喝花茶、江浙人喝绿茶、西北地区喝黑茶、广东人喝乌龙茶和普洱茶、不同地域的福建人则对茶有不同的喜好。粗茶淡饭，成为对中国人传统饮食生活方式的简要描述。

中国文化中的茶的角色

1.“药”

由于我国人民对茶的认知从神农尝百草开始，所以茶叶从被发现的那天开始，就是一种具有健康意义的草药。可以说，人们对茶叶“药用”物质属性的认识，远远早于其文化性和稀缺性。为此，历代本草对茶的功效记载多有记载，通过将茶与其他植物复配形成的“茶疗”理念，也一直延续至今。事实上，如前文所述，一些少数民族地区之所以离不开喝茶，就是因为茶叶提供了无法从当地饮食中获取的营养物质，并发挥了解腻助消化的作用。对于这些人群而言，茶既是食物，也是药物。

随着现代医学、药学、营养学等学科的发展，茶叶的健康功效更得到了进一步的阐述。尽管茶叶的身份不再是草药，但其健康属性一直深入人心。尤其现代社会的物质丰富带来饮食结构的变化，我国人民摄入了过多的肉食和油脂，导致肥胖、糖脂代谢疾病的发生；在这样的情况下，更应该倡导“粗茶淡饭”的生活方式，将饮茶作为健康饮食生活方式的有机组成。

2. 珍贵的奢侈品

早在周伐商时期，茶就已经是贡品。晋代以前，茶叶产量较低，所以一直是较为珍贵的奢侈品。后来尽管茶叶产量提升，但是精选优质的茶叶仍然被当作贡品，以示君主对地方的统治。以唐代为例，有雅州蒙顶茶、常州阳羡茶、湖州紫笋茶等来自20多州的茶叶进贡，其中蒙顶茶位列第一。唐中叶之前，蒙山茶物以稀为贵，有一匹绢丝买不到一斤茶的说法。

宋代最主要的贡茶是福建建安一带的龙凤团茶，在当时极其珍贵。《大观茶论》记录，宋徽宗赞美龙凤团茶“采摘之精，制作之工，品第之胜，烹点之妙，莫不盛造其极”。欧阳修为蔡襄的《茶录》作序时，就感慨获得龙凤团茶的不易。即便是有辅佐大功的亲信，也不容易得到这种馈赠，“惟南郊大礼致斋之夕，中书枢密院各四人共赐一饼。宫人剪金为龙凤花草贴其上，两府八座分割以归，不敢碾试，相家藏以为宝，时有佳客，出而传玩尔”。

明太祖朱元璋怜悯茶农，要求将炙烤煮饮饼茶法改为直接冲泡散条茶法，“唯采芽以进”。清朝的贡茶种类较多，既有碧螺春和龙井等长江流域的绿茶，也有云南的普洱茶。康熙年间，各地贡茶分别来自江苏、安徽、浙江、江西、湖北、湖南、福建、云南等省的70多个府县，达13 900多斤。到了清代中叶，贡茶制度逐渐消亡。

3. 文化载体

茶与我国儒释道文化有着密不可分的联系，历代道士与僧人常种植和采制茶叶。因此，既有“琴棋书画诗酒茶”的茶，也有“返璞归真”和“禅茶一味”的茶。

魏晋时期，饮茶礼仪随着烹煮饮茶方式的形成而出现。杜毓在《荈赋》中对茶事进行了描述，赋予茶清香雅致的特质。文人饮茶带动了茶主题诗词歌赋的发展。从此，茶不再是单纯的物质饮食，而是具有了精神的象征。喝茶被称为古人八大雅事之一，流传至今的茶诗有数千首。文人们对茶的热爱，在陆游的“矮纸斜行闲作草，晴窗细乳戏分茶”、纳兰性德的“赌书消得泼茶香”、朱彝尊的“一箱书卷，一盘茶磨，移住早梅花下”中体现得淋漓尽致。明朝唐伯虎的《烹茶画卷》、文徵明的《陆羽烹茶图》《惠山茶会记》等，则反映了当时文人们对饮茶环境和品茗人的重视，既追求自然本性，也讲究茶人友爱。

由于茶树常种植在云雾环绕之处，与道家追求的“洞天福地”不谋而合，因此修道之人采茶种茶，也就自然而然。道家认为，茶可以帮助炼丹修仙。《神异记》记载，丹丘子曾经引荐茶树给进山采茶的余姚人虞洪，希望其制茶之后可以馈赠。东晋葛洪也在《抱朴子》记述：“（天台山）有仙翁茶圃，旧传葛玄植茗于此。”茶圣陆羽则在《茶经》中，详细记载了烹茶器“风炉”上的卦象。晚唐温庭筠写道：“乳窦溅溅通石脉，绿尘愁草春江色。涧花入井水味香，山月当人松影直。仙翁白扇霜鸟翎，拂坛夜读黄庭经。疏香皓齿有余味，更觉鹤心通杳冥。”一首《西陵道士茶歌》将修道之人返璞归真的饮茶乐趣展示得淋漓尽致。

而对于佛家而言，“吃茶是和尚家风”。汉代佛教传入我国，僧侣们为了在坐禅时提神而饮茶，从而使茶与佛教结下不解之缘。禅宗认为，茶性平和，与参禅悟道应有的心态互通，所以茶禅一味。而“吃茶去”的禅语，更是成为禅林机锋，其哲学思想流传至今。由于寺庙崇尚饮茶、种茶，还有了“自古名寺出名茶”的说法。唐代国一大师法钦手植的径山茶、明朝大方所制的松萝茶，如今仍然是知名的好茶。

4. 日常饮料

作为日常饮料的茶，指的是“柴米油盐酱醋茶”的茶。吴国孙皓密赐给韦曜的茶荈，是以茶代酒的开始。唐代陆羽和皎然号召以茶代酒，更是对后世影响深远。东晋时期，茶已成为日常饮料，在宴会、待客、祭祀中使用。随着明清时期茶叶种植区域的扩大和制茶工艺的发展，我国逐步形成了区域性的饮茶习俗，茶饮成了普通百姓生活中的必要元素。清朝时期我国出现了许多茶馆、茶肆，从皇城到乡野都有分布。这些茶馆有的兼为餐馆，有的兼为戏馆，有的兼为赌场，也有的成为民间仲裁的场所，可见饮茶风俗之普遍。

我国对茶叶功效的认识演变

1. 茶叶功效的典籍记载

我国人民对茶叶功效的认识是逐渐演变的。古代文献记载，“神农尝百草，日遇七十二毒，得茶而解之”；《神农食经》记载，“茶茗久服，令人有力、悦志”；东汉华佗《食论》中说，“苦茶久食，益意思”，表明茶叶解“毒”和提神是最先被了解的功效。东晋南渡前，“闻鸡起舞”的北伐志士刘琨则将茶视作解“体中溃闷”的良药，表明饮茶可能不仅提神，还对改善情绪有一定的帮助。到了明朝，我国人民对茶叶的功效已经有了多元的了解。《本草纲目》总结了历代对茶叶功效的记载，认为茶“气味苦、甘，微寒，无毒”“久食，令人瘦，去人脂，使人不睡”“主治瘘疮，利小便，去痰热，止渴，令人少睡，有力悦志。下气消食。”表明到了明代，国人对茶叶（主要是绿茶）功效的认识已经与现代相似。

边疆地区以肉食和乳制品为主，其饮茶诉求和对饮茶健康的认识，与植物性饮食为主的区域有着一定的差异。《明史·食货志》记载，“番人嗜乳酪，不得则困以病”。边疆民族喜爱茶叶，离不开其助消化、解油腻的作用；也与茶叶含有多种微量营养素，可以弥补当地人民饮食的缺陷有关。但是，并非只有黑茶才助消化，清代著名医家张璐《本经逢源》认为：“徽州松萝，专于化食。”《中药大辞典》（1930年赵公尚编著）：“松萝茶产于徽州，功用，消积滞油腻，消火、下气、降痰。”表明，在当时的制茶工艺和饮茶方式下，绿茶也有一定的助消化作用。

2. 对茶叶功效差异的认识

我国人民很早就认为，不同品种的茶叶存在性味、功效的区别。例如李时珍认为，尽管茶叶苦寒，但是蒙山茶却“温而主祛疾”。随着制茶工艺的多元化，关于茶叶性味的记载有了更多的变化。清人赵学敏在《本草纲目拾遗》中说：“普洱茶性温味香”，又说“普洱茶、茶膏能治百病，如肚胀、受寒，用姜汤发散，出汗即愈”；湖南黑茶“性温味苦微甘，下膈气消滞去寒辟”。卓剑舟在《太姥山全志》中描述白茶“性寒凉，功同犀角，为麻疹圣药”。

南宋林洪在《山家清供》中记载当时的茶叶“煎服则去滞而化食，以汤点之，则反滞隔而损脾胃”。这里的茶叶是饼状的绿茶，在不同浓度下对消化功能产生截然相反的两种作用。《本草拾遗》中还提到，茶叶“饮之宜热，冷则聚痰”，说明古人对于饮茶方式不同导致的体感差异也已经有了一定的认识。

3. 茶叶与其他食药材的复配形成茶疗法

茶疗是中医文化和茶文化的结合。除了茶叶本身的健康作用之外，茶与其他植物复配，被认为能带来更多的益处。宋代《太平圣惠方》中的“药茶诸方”记录了一些含茶的保健配方。《本草纲目》记载：“作饮，加茱萸、葱、良姜，（苏恭）破热气，除瘴气，利大小肠。（藏器）清头目，治中风昏愦，多睡不醒。……同芎䓖、葱白煎饮，止头痛。”

4. 安全性的顾虑与认知的局限

尽管茶有各项健康益处，但“是药三分毒”，茶叶也不例外。尤其明朝以前，我国茶叶以绿茶为主，中医认为其寒性较重，从而会导致一系列不良反应。

《本草纲目》认为茶叶“无毒”，但是也提醒，“若虚寒及血弱之人，饮之既久，则脾胃恶寒，元气暗损，土不制水，精血潜虚；成痰饮，成痞胀，成痿痹，成黄瘦，成呕逆，成洞泻，成腹痛，成疝瘕。种种内伤，此茶之害也。民生日用，蹈其弊者，往往皆是，而妇妪受害更多，习俗移人，自不觉耳。况真茶既少，杂茶更多，其为患也，又可胜言哉？人有嗜茶成癖者，时时咀啜不止，久而伤营伤精，血不华色，黄瘁痿弱，抱病不悔，尤可叹惋。”宋学士苏轼《茶说》云：“除烦去腻，世故不可无茶，然暗中损人不少。空心饮茶入盐，直入肾经，且冷脾胃，乃引贼入室也。”

这些记载与现代对绿茶的认识是吻合的。由于绿茶咖啡因和儿茶素的含量较高，在带来神经系统或代谢系统的健康益处的同时，也可能刺激胃肠道，导致腹痛；也可能出现便秘、肠易激综合征等情况。空腹饮茶，不仅容易刺激胃肠道，还可能导致低血糖。此外，由于茶中的鞣酸会结合膳食中的铁，对于本身就患有缺铁性贫血的人，大量饮茶会加重贫血的情况。考虑到我国古人以植物性饮食为主，肉食缺乏导致血红素铁的摄取不如现代人充足，更容易出现“血不华色”的情形。

但是，典籍中记载的茶叶不良反应不能代表近现代所有的茶。例如，《本草纲目拾遗》中记录了温性的普洱茶、黑茶，其均为微生物发酵等制茶工艺的应用使得茶叶成分发生转化，儿茶素聚合为茶色素，咖啡因在体内的代谢也发生了变化，使得茶性从寒变温。从口感而言，苦涩味降低；从体感来说，胃肠道所感受到的刺激大大减少。红茶也有类似的变化，只不过红茶的转化主要来自内源性的酶促反应，而不是环境微生物的作用。因此，对于体寒无法耐受绿茶的人，建议饮用红茶和黑茶。另外，当代国人的膳食中肉食的比例较之古代大幅度增加，完全有机会摄入大量易于吸收的血红素铁。因此，对于非贫血人群而言，不用太担心喝茶的影响。

走遍千山万水，茶的世界传播

中国茶的国际贸易路线

英国著名的科学史专家李约瑟在《中国科学技术史》中赞叹："茶是继中国四大发明之后的第五大发明。"中国茶传往国外已经有两千多年的历史。关于其最早外传的时间说法不一，主流观点有三种：汉代丝绸之路开辟时即开始，并传至西亚乃至欧洲；5世纪末由土耳其人西传；秦汉或者唐代经韩国和日本东传。

中国茶叶的贸易之路，最知名的一共有四条：第一条是张骞出使西域开辟的“丝绸之路”；第二条是“茶马古道”，以长安为起点，穿越滇藏川三角；第三条是“万里茶道”，其起点是中国福建武夷山或者湖南安化，终点站是俄罗斯圣彼得堡；第四条是“海上丝绸之路”，指古代中国与东亚、南亚、东南亚、西亚以及东非和欧洲国家之间的海上交往贸易航线。其中，“海上丝绸之路”由于始于秦汉，也是已知最早的海上航线。此外，还有内地与西藏之间的“唐蕃古道”，初唐时期文成公主入藏，经由此路带去了大唐的茶叶与饮茶风俗。在这些路线中，可以称之为国际贸易的，主要包括“丝绸之路”“万里茶道”和“海上丝绸之路”。茶叶所到之处，不仅传播了我国的饮茶风尚，也将茶叶逐渐演变为当地居民的生活必需品。在与当地文化习俗融合之后，形成了多元的世界茶文化。有意思的是，世界各地对茶的称呼也与这些贸易通路有关。丝绸之路沿线称之为“chaj”，茶马古道称之为“cha”，而海上丝绸之路则是“tea”的发音，与闽南话中的“茶”发音相似。

1. 丝绸之路

丝绸之路通往西域各国，随汉代张骞出使西域而开辟。丝绸之路上贸易的物品包括丝绸、茶叶和瓷器等，因为丝绸华贵从而得名。其实，唐代以后这条路上交易的茶叶已远超过丝绸。据《维吾尔族风俗志》记载，南北朝时期，突厥（古土耳其）商人在中国西北边境以物易茶，大量的茶叶被运到天山南北、中亚诸地。

2. 万里茶道

万里茶道贯穿欧亚大陆，从我国腹地延伸至俄罗斯圣彼得堡，满足俄罗斯对砖茶的需求。万里茶道有两条，在湖北汉口交汇。一条从福建武夷山起，走水路沿西北方向穿江西至湖北汉口；另一条从湖南安化起，沿资江过洞庭湖，经湖北羊楼洞至湖北汉口。从汉口一路北上，纵贯河南、山西、河北，穿越蒙古沙漠戈壁，经乌兰巴托到达中俄边境口岸恰克图；再在俄罗斯境内延伸，最后抵达终点站。万里茶道贸易鼎盛的时期，“一块砖茶可以换一头羊”。羊楼洞、汉口等地砖茶厂的出现，与万里茶道的贸易需求密不可分。

3. 海上丝绸之路

海上丝绸之路是古代中国与外国交通贸易和文化往来的重要海上通道，主要包括东海航线和南海航线。东海航线主要是通往朝鲜和日本，南海航线从中国广西出发，经过南中国海到达越南、柬埔寨、印度、缅甸、马来西亚、斯里兰卡等南亚和东南亚国家。后来南亚各国引种中国茶叶，形成了通往西方的新茶路，改变了世界茶叶贸易的格局。

各国对茶叶功效的认识

1. 欧洲：灵丹妙药

早在茶叶传入欧洲之前，当地人已经通过旅行家的著述了解了这种神奇的东方树叶。1545年，威尼斯人拉莫修撰写的地理著作《航海记》中已经有关于茶的记载。一名波斯商人告诉拉莫修，“大秦国人喝一种名叫茶的饮料，其治疗效果很好。如果把这种饮料介绍到波斯和欧洲，那么当地的商人将不再售卖大黄，而改售茶叶”。1610年，葡萄牙旅行家佩德罗·特谢拉在环球旅行后出版了《波斯王》一书，介绍茶叶在土耳其、阿拉伯半岛、波斯和叙利亚等地的盛行，夸赞“茶的益处很多，可以预防中国的饕餮们暴饮暴食所引起的种种不适”。

" On
Venus
Tea bot
The bes
To that
To the
Whose
The Mu
Repres
And ke
Fit on

1641年，荷兰著名医学家尼克拉斯·德克斯积极地支持了茶叶的健康作用，声称“从远古时代起，人民就开始利用茶治疗疾病。茶叶不仅能提神醒脑、增加能量，还能治疗泌尿管阻塞、胆结石、头痛感冒、眼疾、黏膜炎症、哮喘、肠胃不适等各种疾病”。1657年，一家供应茶水的咖啡馆在英国的知名商业街上开张。茶被视为灵丹妙药——喝下足够的茶，可以诱导轻微呕吐，上下通气，达到治疗疟疾、过食、高烧的目的。

1663年，英国诗人埃德蒙·沃勒用茶来比拟凯瑟琳皇后的美丽，赞美其是诗人灵感的来源，有助于保持头脑清明、心情愉悦、祛除疲倦。由于喝茶带来温暖和慰藉，茶叶甚至成了第二次世界大战中英军的秘密武器。丘吉尔认为，茶比弹药重要，并要求海军舰队不得限制向士兵供茶。

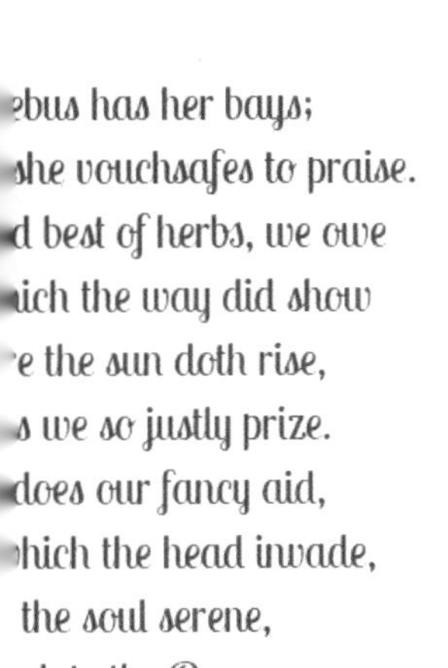

2. 俄罗斯：解酒治病

早在公元6世纪，茶叶就已经传到中亚细亚。此后又花了千余年时间，俄罗斯才真正接受中国茶。17世纪初的俄国人认为，“在喝酒前饮茶是防止醉酒，在酒醉后喝茶则是为了醒酒”，但这一说法没有得到宫廷的认可。17世纪，蒙古国贵族煮茶招待了来访的俄国沙皇使者，并赠予沙皇200包茶叶。这一时期的沙皇御医认为，茶叶可治疗头痛和伤风；因此，沙皇视茶叶为治病的药物，并在宫廷推广。之后清朝皇帝也赠送茶叶给俄国使者。

1727年，中俄互市贸易签订，俄罗斯开始正式进口中国茶。由于茶叶运到俄罗斯路途遥远、运输困难、数量有限，因而被认为是“城市奢侈饮品”，饮茶者多是上层社会的贵族。直到18世纪末19世纪初，俄国各社会阶层才逐渐开始饮茶。从此，茶叶在俄国从特权阶段走向民间，并推广开来。

3. 日本：礼佛养心

茶叶东渡到日本，以浙江为通道，以佛教为途径，由唐代之后的日本遣唐使和学问僧实现。早在公元815年前后，日本天皇已将茶叶定为贡品；但是直到13世纪，日本的荣西禅师教导日本国民以茶养生，饮茶之风才开始盛行。荣西禅师在《吃茶养生记》中分析，五脏应与五味结合，心喜苦，“在中国，人皆好茶，是故心脏病痛少有，而人皆得长寿”；而日本的食物多酸辛甘咸，独缺苦味。因此，“凡人有精神不济者，当思饮茶。茶饮令心律齐而百病除”。

4. 摩洛哥：帮助消化

19世纪末，摩洛哥的茶叶进口量迅速增长。摩洛哥人每天五次祷告之余都要喝茶。摩洛哥人将茶分为若干类：浓茶味苦色黑，助消化功能极强；淡茶味甜呈现黄绿色，作为甜品饮用；还有一种特浓绿茶，则会加上类似咖啡的奶油慕斯。撒哈拉地区游牧民族尤其喜爱浓茶。

安全性的顾虑：妖魔化与平反

尽管茶叶的国际贸易带动了世界茶文化的发展，却并未带去我国传统医学对茶叶的认识。在茶叶进入欧洲的早期，茶叶作为东方饮料的神秘感以及公众饮茶常识的欠缺，使得欧洲人对茶叶的态度呈现两个极端。17世纪的欧洲，茶叶除了在咖啡馆出售，也常见于药店。由于对茶叶功效与安全性的认识不同，医生和学者们分成了两个阵营，一方认为茶叶包治百病，另一方则对茶叶的安全性忧心忡忡。欧洲卫理公会的创始人约翰·卫斯理在27年嗜茶如命的生活后，立志戒茶，并在给友人的书信中描述，戒茶后其手颤的毛病得到了大大改善。然而，12年后，在医生的建议下，卫斯理又恢复了喝茶的习惯。1756年，英国旅行家乔纳斯·汉韦撰写了《论茶》，控诉茶叶令女性消化不良、情绪低落、困乏无力、郁郁寡欢；甚至荼毒生灵，阻碍经济发展。这一观点被当时的英语语言学家萨缪尔·约翰逊所批判，认为英国人体质的变化与城市化、运动量减少、饮食过量、生活缺乏目标有关。

在茶还没有大批量输往中亚之前，土耳其的历史学家塞夫·塞勒比也认为，“中国人好茶饮，一旦没有茶，就会脾气暴躁，难以相处，和瘾君子不相上下”。18世纪摩洛哥的医生则记载了与苏丹的一段谈话，认为茶叶尽管是珍贵的奢侈品，但可能会损伤神经系统，导致手抖。与此同时，医生又认为，每日饮茶两次的英国人并没有被茶所伤害。究其原因可能是，相较于摩洛哥人，英国人饮茶普遍稍淡，并且英国人喜欢在茶里加奶，有助于缓解茶中咖啡因等的作用。

随着茶饮的普及，这些担忧销声匿迹。随之涌现的是越来越多的关于茶叶功效的研究报道。我们甚至可以看到，关于绿茶健康功效的现代传播，已经让这种茶叶的国际贸易份额得以提升，取代了一部分英式下午茶文化带来的红茶市场。出于对茶叶健康作用的喜爱，致力于天然产物提取的西方人对茶叶的活性成分进行研究提纯，并将其作为功能成分制备成膳食补充剂。近年来，欧洲对儿茶素提取物的安全性产生怀疑，认为过量摄入这种提纯的成分可能导致肝转氨酶的升高。即便如此，在经过大量文献考据后，欧洲食品安全局认为，即使在饮用量较大的情况下，日常饮茶（而非摄入茶提取物）仍然是安全的。

对茶叶的渴望：文化与战争

英国的茶文化始于宫廷女性的热爱，嫁给英王查理斯二世的葡萄牙凯瑟琳公主，以及此后的玛丽二世、安妮女王都热衷于茶文化。饮茶在英国形成宫廷风尚的时期，也正是英国逐渐称霸全球，走向“日不落帝国”的时期。也许恰是国力的强大促使了茶文化的传播及发展。18世纪中期，英式下午茶文化正式形成，称为“维多利亚下午茶”。下午茶文化不仅培养了英国淑女文化和绅士风度，还改变了英国热食冷饮的传统饮食结构。

英国的上层社会最推崇中国的绿茶和武夷（红）茶，祁红是皇室心目中顶级茶叶。即便后来英国人接受了来自殖民地印度和斯里兰卡的红茶，英国商人仍然会用祁红拼配这些产地的高等红茶，以抬高其身价。这也是立顿、川宁等品牌拼配技术的源起。

作为日常饮品，英国人往往喜欢在茶中加入牛奶和糖，从而形成了英式风格的茶饮，有同于原先的中国茶。随着饮茶量的剧增，欧洲人利用海上贸易进口中国和日本的茶叶，东印度公司随之崛起。荷兰东印度公司与英国东印度公司相继垄断中国茶叶贸易达两百多年。崇祯年间，其从广州采购的茶叶为112磅；到了康熙年间，这个数字已超过100万磅。东印度公司解散后，英国的华茶贸易地位仍不可动摇，道光年间，其进口量达到5 650万磅，占我国总出口量的90%。英国人为了饮茶向我国输送了大量的白银。为了实现财富的回流，英国商人向中国输入鸦片，导致两国冲突不断，最终引起鸦片战争。所以也有人把鸦片战争叫做“茶叶战争”。

科技助力发展，当代茶叶健康研究

茶叶进入人们的生活，首先是以“药”的形式。历代本草记载，茶叶有消食、少睡、去腻、利水道、益思等功效。尽管古代的茶叶不如现代品类丰富，但典籍中描述的提神、利尿、代谢健康等作用，自古到今，几乎所有茶叶都是具备的。现代对茶叶的活性研究较多，其神经兴奋、抗菌抗病毒、抗氧化、抗癌抗突变、免疫力调节等活性都或多或少有药理学研究报道。

尽管茶叶有着诸多的健康益处，却不属于现代用于治病的“药”。喝茶是健康饮食生活方式中特别值得推荐的一种，其最大的意义在于振奋精神、降低一些疾病的风险，而不是治疗。因此，过度宣传茶叶的“药用”价值可能有一定的误导作用。为了喝出健康，应该理性对待茶与健康，还应该重视不同茶叶的区别。在对典籍的阅读中，应该结合当时的制茶工艺、品茗方式、日常饮食情况等大背景，理解茶叶特定健康作用和安全性的根源及后续演变。为了去伪存真，更应该注重现代科学研究的数据，使典籍、民间经验与现代研究相得益彰。

现代研究中的茶叶健康作用与科学证据

茶叶对于人体九大系统的作用都有报道。具有代表性的，是神经系统、循环系统、内分泌系统、运动系统、免疫系统和泌尿系统。其作用机理与抗氧化、抗炎、抗辐射、抗菌、抗病毒、神经兴奋、神经保护、调节肠道菌群、促进能量代谢等生理通路相关。

不同品种茶叶的健康作用及研究等级（纯茶）

生理系统	功能描述	绿茶	白茶	黄茶	乌龙茶	红茶	黑茶
神经系统	提神	●●●●				●●●●●	
	改善学习记忆	●●●●●	●●			●●●●	●●
	改善情绪	●●●●●			●●●	●●●	
	预防神经退行性疾病	●●●●●				●●	●●
循环系统	抗凝	●					
	降血压	●●●●●	●●		●●●●●	●●●●●	
	调节血脂	●●●●●	●●	●	●●●●	●●●●●	●●●●
	改善动脉粥样硬化	●●●●				●●	●●
内分泌系统	调节血糖	●●●●●	●●	●●	●●●●	●●●●	●●
	改善胰岛素抵抗	●●●●●	●●		●	●●	●●
	降低尿酸	●●●				●●●●	●●
	维持健康体重	●●●●●	●●	●●	●●●●	●●●●	●●
运动系统	增加骨密度	●●●●			●●●	●●●	●●
免疫系统	调节免疫力	●●					
	抗过敏	●●					
其他	防癌与抗癌	●●●●●		●	●●●●	●●●●●	
	抗氧化	●●●●	●●	●●	●	●●●●	●
	抗炎	●●●●	●●	●●	●●●●	●●●●	●●
	抗辐射	●●				●●	
	抗菌、抗病毒	●●●●	●	●	●●●●	●●●●	●●

注：“●”表示现有研究中等级最高的研究类型。“●”体外试验；“●●”动物试验；“●●●”人群观察性研究；“●●●●”人群干预性研究；“●●●●●”系统性综述及荟萃分析。

“●”越多，表明全球迄今在这一领域投入的研究越多。

不同种类的茶叶，其功能既有共通之处，也有各自的特点。茶叶品种和饮茶方式的差异，会引起体感的不同，这是我国古人就已经具备的认识。其本质的原因，是进入人体的茶叶化学成分的种类和含量有所差异。影响茶叶功能的因素主要有以下方面：

原料：大叶种茶或者小叶种茶、芽尖或者叶片、嫩叶或者老叶，都存在成分差异。

制茶工艺：绿茶有蒸青、炒青、晒青等方法，制备成红茶需要酶的作用，制备黑茶需要微生物进行后发酵，有的乌龙茶和红茶在加工过程中还有烘焙的环节。茶叶的成分在每个环节都会发生转化。

储藏方式和时间：温度、湿度、光照、密闭性、洁净度等因素会影响茶叶成分在存放过程中的进一步转化，储存得当可以保持茶叶的口感或者品质，储藏不当也会导致茶叶陈化或变质。

冲泡方法：泡茶过程中的泡茶器具、水质、水温、投茶顺序、浸泡时间、震荡

方式等因素都能影响茶叶成分在茶汤中的溶出，最终造成感官和功效的差异。煮茶和泡茶又有所不同。我们平时说，不同的人泡同一种茶，会有截然不同的效果，就是这个道理。

饮茶方式：喝茶的速度、饮茶量、是否加调味料、是否搭配茶食，都会影响人体对茶的反应。所以，我们在强调茶叶健康作用的同时，一定要关注饮茶的具体方式。

茶叶的共性和个性，构成了健康选茶、适时选茶的基础。提神和抗氧化是所有茶叶都有的作用。尽管作用的强度有所不同，但是即便是抗氧化作用最弱的茶，比起维生素来也毫不逊色。对于这些共性的功能，我们建议按照个人的口感喜好、心理需要或者身体的耐受度来选茶。

从茶叶种类来看，促进代谢健康是茶叶的共性，只是有的茶利于减少热量的吸收，有的茶利于肠道环境，有的茶利于能量消耗，因此宜征询营养健康专业人士的建议来选茶。促消化、通便、调节情绪、“养”胃等功能，特定茶类才比较显著，选茶不当，可能效果适得其反。如果饮茶爱好者能够自行掌握有关知识，可以有效地避免饮茶误区。下面列举一些共性的方向，有助于大家选择适合自己的茶叶。

◎ 发酵程度越轻，抗氧化作用越强。

◎ 发酵程度越重，对肠胃的刺激性越小。

◎ 发酵较为充分的黑茶，其解腻作用比较强，促消化和通便的潜力也最大。

◎ 加糖、加盐会有损茶叶的健康价值；而加纯牛奶制备奶茶仍然是健康的，且能够减少对肠胃的刺激。

◎ 所有茶叶都有助于改善代谢健康。

茶叶健康作用的物质基础

茶叶的主要品质成分是茶多酚、茶多糖、茶色素、氨基酸、咖啡因、微生物代谢产物等物质，但是不同类型的茶因原料和制法不同，成分的种类和含量有所区别。其中，茶多酚是研究得最多的茶叶功能成分。茶多酚不是一种单一化合物，而是茶叶中所有多酚类化合物的总称，包括儿茶素类（黄烷醇）及其氧化聚合产物、黄酮及黄酮苷类、花青素类、酚酸类化合物等。不同种类的茶叶，其茶多酚的结构和含量有着较大的区别。

1. 儿茶素类化合物及其氧化聚合产物

儿茶素是绿茶中最重要的茶多酚类物质，占茶叶干重的12% ~ 24%。根据是否与没食子酸形成酯键，分为酯型儿茶素和非酯型儿茶素。儿茶素是绿茶

抗氧化、改善糖脂代谢等活性的最主要贡献者，其中最著名的当属表没食子儿茶素没食子酸酯（EGCG）。酯型儿茶素可以与肠道黏膜蛋白相结合，破坏肠道屏障，因此喝绿茶感到肠胃不舒服，也正是与这种活性物质有关，可谓“损益同源”。红茶、黑茶等茶叶在加工过程中，儿茶素发生氧化聚合反应，逐步聚合成茶黄素、茶红素、茶褐素等色素，大大减少了对肠胃的刺激。所谓绿茶性寒，红茶、黑茶性温，与儿茶素的变化也有关。

通常茶汤的颜色越深，茶多酚的聚合程度越高，发酵度也越高。绿茶是未发酵茶叶，白茶、黄茶轻微发酵，乌龙茶半发酵，红茶全发酵，指的就是儿茶素氧化聚合反应的程度；黑茶中的茶多酚主要以茶褐素形式存在，聚合度高于其他茶叶。目前，几种主要的儿茶素、茶黄素的分子结构已经得以解析。茶红素和茶褐素由于分子量大、结构复杂，很难用化学结构式准确描述，可以简单理解为是不同数目的儿茶素聚合在一起之后，形成的从红褐色至褐色的一系列大分子酚类化合物。

2. 黄酮及黄酮苷类化合物

茶叶中常见的黄酮类化合物有山柰酚、槲皮素和杨梅素等。在药物研究中，这些化合物也是非常常见的天然产物类物质。黄酮类化合物的生理活性非常广泛，涉及我们耳熟能详的抗氧化、抗菌、抗炎、调节糖脂代谢、心血管保护等。但是黄酮苷元一般都难溶于水，不容易被吸收利用。研究发现，在黑茶的发酵过程中，很多黄酮苷元转变成黄酮苷的形式，水溶性和生物利用的性质得到改善。所以在描述茶叶中黄酮类化合物的贡献时，含量不是唯一的指标，化合物结构的多元性、生物利用情况、生理活性的强度也很重要。

3. 花青素类化合物

茶叶中的花青素大概占干重的0.01%，但是紫芽茶（比如云南的紫娟）中可以高达0.5% ~ 1%。花青素可以增强茶叶的抗氧化、抑制淀粉消化等活性，但是会加重茶叶的苦涩感。还有一种花白素类物质，也被称为“隐色花青素”，发酵后会变成有色氧化产物。

4. 酚酸及缩酚酸类化合物

茶叶中的酚酸及缩酚酸类化合物主要有没食子酸、咖啡酸、绿原酸的衍生物。酚酸类化合物具有抗菌、抗病毒等作用。茶叶经过发酵后，酚酸类化合物的含量普遍降低。六堡茶中的酚酸类化合物种类较多，可能是六堡茶有别于其他黑茶的一个特点。

5. 生物碱与咖啡因

茶叶中的生物碱主要有咖啡碱（即咖啡因）、可可碱、茶碱、腺嘌呤、鸟嘌呤等。其中含量最高的是咖啡因，占干重的2% ~ 4%。

咖啡因几乎是所有茶叶都有的功能成分，它是喝茶提神醒脑的物质基础，对于愉悦情绪也有重要的作用。大多数人认为咖啡的作用迅猛而短暂，喝茶的作用较为缓慢而持久。其实，饮用等量的茶和咖啡，摄入的咖啡因没有本质的区别，主要与茶或者咖啡的种类和浓度有关。摄入等量的咖啡因，喝茶和喝咖啡的体感有所不同，这与茶叶中生物碱及其他物质的种类多样有关。咖啡因提神的机制是与大脑中的腺苷受体结合，阻挡腺苷的镇静作用。茶叶中的可可碱与茶碱的结构和咖啡因类似，但是对腺苷受体的拮抗作用较弱，所以喝茶提神较为缓和。此外，茶叶中的茶氨酸等成分会影响咖啡因的吸收和代谢，使得喝茶后咖啡因在体内的浓度峰值降低、半衰期延长，所以喝茶提神较为持久。

神奇的是，黑茶中的咖啡因含量不算很低，但许多人反映喝黑茶不容易影响睡眠。这可能是因为，黑茶中的咖啡因以聚合形式存在，因而不如游离的咖啡因单体易于吸收。是否如此，还有待验证。

6. 氨基酸与茶氨酸

茶叶中的氨基酸种类丰富，其中最著名的是L-茶氨酸。L-茶氨酸不仅可以抑制茶汤的苦涩感，带来甘甜的滋味，而且可以平稳咖啡因代谢、缓解焦虑。在西方国家，L-茶氨酸被提纯作为“改善情绪食品”的一种配料。从工艺来说，白茶的氨基酸含量相对其他品种较高。从树种来说，安吉白茶中的氨基酸含量高达7%，是其他茶叶的2～7倍；近年来开发的湖南黄金茶的氨基酸含量甚至高于安吉白茶，可达7.47%。

7. 茶多糖

茶叶中的碳水化合物种类多样。茶多糖是一类不同分子量大小的复合多糖，具有调节免疫力、调节肠道菌群、改善糖脂代谢等生理活性。一般来说，原料越老，茶多糖含量越多。微生物充分发酵是导致茶多糖含量增加的最主要原因，所以黑茶（熟普、茯砖茶、六堡茶）含有较多的茶多糖。而且，微生物发酵还能将一部分大分子的长链多糖转化为小分子的短链多糖（寡糖），从而提高调节肠道微生态的潜力。茶多糖的存在，与黑茶的通便作用紧密相关，也使得茶叶成为一种具有调节肠道微生物作用的、潜在的“益生元”。

8. 茶皂苷

茶皂苷又称茶皂素，猛烈摇晃黑茶茶汤后出现的泡沫，就是茶皂苷。茶皂苷具有抗菌、消炎等作用，而且是一种表面活性剂，可以与油脂发生乳化作用。喝黑茶可以解腻，很可能就与茶皂苷有关。最近的研究发现，茶皂素还可以调节肠道菌群，减轻高脂饮食导致的大脑损伤。

9. 微生物及其代谢产物

微生物代谢产物主要是黑茶所具有的。严格意义来说，黑茶成品中的茶多糖、茶黄酮、茶多酚等物质的增加或者结构的转变都与微生物的作用有关，也属于微生物代谢产物。在不同种类的黑茶中，曾经发现过他汀类化合物、抗生素结构类似物等，有可能与黑茶的抗菌、降脂等作用有关。但是，传统工艺制作的黑茶往往批次间微生物的差异较大，而且发酵程度不均匀。因此，这些药物的前体物质往往含量较低，而且产量不稳定。

10. 芳香类化合物

茶叶中已被发现的香气成分有数百种。它们不仅是形成茶叶风味的物质，也与茶叶抗菌、镇静、抗焦虑、抗抑郁等作用相关。茶叶的香气成分可以进入人体血液到达神经系统，发挥生理功能，还可以因为芬芳之味而舒缓心情——这是与其他功能物质不同的特征。

选茶指南

Xuancha Zhinan

一盏清茗酬知己，
半碗香茶品人生。
无关风月，
不问朝夕。

第三章 选茶指南

茶，既是文人骚客促膝围坐啜茶行令的那一点风雅，也是平民百姓辛劳之后茶馆小聚的那一点酣畅。文化背景、地域标签、生活习惯、四时风物、身体状况等种种差异造就了每位茶客独一无二的饮茶习惯。而对于初次涉猎的新手来说，如何选择最适合的茶，却是一个令人困扰的问题。其实，饮茶是一个愉悦身心、荡涤心绪的过程，最重要的就是自己的口味偏好。进一步的，合理选茶宜应和时令，并符合自身的健康状况。新手茶人不妨多番涉猎，尝试不同类型的茶，相信很快就会尝到个中妙处，进阶成为茶中达人。

四季选茶

四季饮茶，宜合乎时令，符合人体随季节的变化。春日万物复苏，乍暖还寒时，最不容错过清明时节那一抹鲜绿。而到了冬日，炉火炙红，茶雾清扬，手边是琥珀色的普洱茶汤，案几上是一支芬芳的腊梅，一定要有三五好友，围炉叙话。

春季篇

—— 绿茶、白茶、花茶

一年之中的第一口鲜甜当属绿茶。当季的春茶，鲜绿微黄、茶香清爽、滋味鲜醇，叶片轻轻在杯中舒展开来，蛰伏一冬的沉闷陡然被这一抹绿意唤醒。除了绿茶，春季还特别适合饮用花茶和白茶。

绿茶和白茶含有3% ~ 5%的咖啡因。随着春季的到来，白昼逐渐变长，很多人会感到倦怠疲劳，茶中的咖啡因可以兴奋神经中枢，提神醒脑。同时，由于绿茶中含有较多的茶氨酸，在一定程度上改变人体对咖啡因的吸收速度，抑制咖啡因引起的过度兴奋，延长其在体内的存留时间。因此，春日饮茶有助于持续地维持良好情绪，改善“春乏”的症状。

春季温度升高，细菌和病毒开始大行其道，会出现感冒咳嗽、咽喉疼痛以及肠炎腹泻等感染症状。同时，春季的花粉、柳絮等又会引起过敏反应。传统医学认为，绿茶和白茶性凉，绿茶“能清心神，涤热，肃肺胃”，白茶“功同犀角（清热解毒的一味中药）”。现代医学也证实了绿茶和白茶具有抑制细菌、病毒等病原微生物的作用，而这些作用主要得益于绿茶和白茶中丰富的儿茶素。素有“三年为宝，七年为药”之称的老白茶，依然保持着较高的抗菌消炎活性，可能与其含有较高的黄酮类化合物有关。因此，新白茶和老白茶都是健康之选，新白茶味道清新，老白茶更加醇和，各有千秋。另外，春季也可在茶中添加菊花、金银花、罗汉果等，不仅能使茶的滋味更加立体丰满，还可发挥协同功效，相得益彰。

夏季篇

——绿茶、花茶、代用茶

炎炎烈日当头，难免心绪烦闷。品一杯清茗，手握一卷书，几杯茶下肚，唯觉两腋习习清风生。传统医学认为夏季属火，人体外热内寒，既要及时饮水又要防止冷饮伤及阳气。现代医学则强调夏季维持体内电解质平衡、排汗利尿的重要性。

明代以前，我国的茶主要为绿茶，当时的医学就已经发现茶性属寒凉，具有清热、泻火、解暑的功效。《本草纲目》曾云，“茶苦而寒，阴中之阴，沉也，降也，最能降火”。茶中不仅有抑菌消炎的成分，还有利尿的成分，可以加速热量排出。

绿茶还可以作为茶胚制作花茶，经过花朵窨制后发生奇妙的化学反应。花茶始于宋代，是一种再加工茶。根据窨花种类不同，又可以进一步细分为茉莉花茶、玫瑰红茶、玳玳花茶、腊梅花茶、栀子花茶等，茉莉花茶是其中翘楚。不管是哪一种花茶，它们共同的典型的特点是具有或清新或醇厚的花香气。绿茶制成的花茶既保留了绿茶清热解暑的特性，其丰富的香气物质也令人心旷神怡。躁郁烦闷的夏日，泡一杯香味馥郁的花茶，在袭人的茶香中便可慢慢安定心神，舒缓情绪，达到静心宁神的超然境界。

炎炎夏日，如果想进一步增强“清火”功效，亦可选择一些代用茶，如莲子芯茶、白花蛇舌草茶等。莲子芯茶是取莲子中间苦味的芽胚叶晾晒而成。在中医五味中，“苦”乃中医“五味”之一，能泻能燥，合理应用可发挥清热、燥湿、通便的作用。白花蛇舌草是茜草科耳草属植物白花蛇舌草的全草，将其应用为夏日养生茶，也有清热解毒、利尿除湿的功效。

秋季篇

—— 黄茶、乌龙茶、老生普、老白茶、红茶

秋季是从夏的极热向冬的极寒转变的过渡季节，自然界的阳气由疏泄趋向收敛。在我国大部分地区，受典型大陆性气候影响，刚刚入秋时往往暑热未去，加上降水量比夏季相对减少，“秋老虎”来势汹汹，机体也可能会因此产生一些不良反应，如口干舌燥、皮肤皲裂、情绪烦躁等，这就是中医所说的“秋燥”。秋日养生的重点是滋阴润燥，同时使神志安定。因此，饮用不温不寒的黄茶、乌龙茶，或者陈年的老生普、老白茶是秋天的绝佳选择。

铁观音、大红袍、武夷山岩茶都是乌龙茶的代表。传统医学认为，乌龙茶性平，可以生津止渴。过去认为，立秋要“贴秋膘”。当代社会饮食无忧，一年四季都讲究维持健康体重和体形。乌龙茶具有解腻助消化的作用，在秋季这个典型的“贴膘”期也非常实用。此外，茶叶内的芳香物质受到季节性气候的影响很大，秋季本身也是乌龙茶香气最高的时节。乌龙茶的主要产区春季阴雨时节多，萜烯类物质生成较少，因此春季茶的芳香不如天高气爽的秋季茶。可见不论是从健康的角度考虑还是从茶叶本身的特点品质出发，秋季都是饮用乌龙茶的最佳时机。秋日桂花飘香，在泡茶时再放少许桂花，则可以借馥郁花香

愉悦心情，不失为感知秋日风物的绝佳选择。不过，秋饮乌龙茶也要注意不能空腹或凉饮，因为秋季天气转寒，空腹饮用或凉饮可能会刺激肠胃，导致呕吐腹泻等不良反应。

老生普和老白茶经历了漫长时间的转化，茶性从寒凉变为平和。茶叶中小分子的儿茶素逐渐聚合为大分子的茶色素，同时茶多糖的含量也有所增加。在收获的季节不妨以茶会友，煮一壶老生普或者老白茶，体会时光的雕琢，不失为秋季的绝佳选择。

至深秋，天气更寒而人体自身的阳气更弱，此时则宜饮用红茶。红茶性温，含有较多的蛋白质和糖类物质。一杯暖暖的红茶下肚，可以为机体补充能量，进而增强抗寒能力。红茶也是调配奶茶等甜品的常用茶。秋日午后来一杯红茶，配上适量蜂蜜、牛奶和糖，再配上一些水果点心，自己DIY一把“英式下午茶”的恬静与典雅，也是很有乐趣的。从科学角度来看，红茶作为全发酵茶，茶多酚在发酵过程中生成了氧化产物，性质相对温和，这使得秋饮红茶备受欢迎。

冬季篇

——红茶、黑茶

冬季天气寒冷，万物凋敝，是一年的收束阶段，在中国传统文化中被认为是至阴的季节。但阴阳守恒，不断转化，寒冷萧条的冬季也孕育着新的生机，所以有“冬藏”之说。人们休养生息，以待来年继续锐意进取。在饮茶上，也要符合这一季的特点。我国各地冬日气候和过冬习俗皆有不同。根据各地人民的生活习惯，适合冬天饮用的茶有很多种。以上三季中提到的茶都可在冬季饮用，重要的是根据自身情况和需求做出合理的选择。

总体来说，冬季适合饮用温暖的发酵茶，红茶和黑茶是首选。红茶芬芳暖胃、促进血液循环，对四肢冰冷和体寒也有缓解作用。冬季饮用红茶，还可搭配生姜，在冲泡时加入姜片或姜丝，不仅能温胃补阳，还有御寒保暖、增强抵抗力的作用，可以预防感冒。熟普具有促消化、调节肠道功能的作用。冬季时，人体机能因气候寒冷整体属于较不活跃的状态，饮用熟普洱茶更有助于促进胃肠道消化吸收。饮用时加少许陈皮，能够健脾消食，一解油腻。此外，冬季阳气衰微，人体腠理闭塞，出汗较少，柑普茶可以在温煦机体的同时畅通气机、调中理气，更加有助于益肾闭藏。茯砖茶等黑茶如果存放得当，转化较为彻底，也适宜在冬天饮用，作为熟普的替代。

北方的冬季常与暖气相伴，未免燥热。此时饮用绿茶、白茶、花茶、乌龙茶，也不失为合适的选择。

南方的冬天一旦阴雨缠绵，湿冷的感觉将如影随形，此时除了红茶和熟普，还可以饮用民间认为有“祛湿”作用的六堡茶。使用焖泡壶，有助于保持茶水的温度，促进茶叶品质成分的溶出。

24小时茶生活

一年有四季轮回，一天之中也有昼夜更替。自然的轮回与人体机能和精神的波动起伏相得益彰。应时而动，更要应时而“饮”。

6:00—7:00　唤醒新的一天喝白茶

一夜睡眠让身体处于干渴的状态，第一杯水很重要。白茶仅有萎凋和干燥两道工序，保留了较多茶叶本身的风味，外形上也因白毫覆盖而显得清新素雅。饮用白茶，口味清爽自然，能开启一天的活力时光。

9:00—10:00　提神醒脑喝绿茶

吃过早餐后的上午，喝一杯绿茶，唤醒大脑，让一整天元气满满、精力充沛。绿茶中含有丰富的抗氧化物质，可以减少环境中有害物质对人体细胞的损伤，很适合办公一族。在工作开始前或工作间隙的上午饮用绿茶，可以保持精力、提高注意力、缓解压力。此外，绿茶适于清热解读、涤烦化腻。很多年轻人因为生活不规律而导致长痘生疮，喝些绿茶再配上适量的金银花不失为食疗保健的良方。不过，咖啡因对胃肠有刺激作用，这也是不推荐空腹饮用绿茶的原因。此外，还要注意不能因为偷懒就饮用隔夜绿茶。

14:00—16:00　午后休闲喝红茶或乌龙茶

要说下午最适合的茶饮，红茶当之无愧。张国荣在2000年推出的专辑《大热》中甚至专门写了一首题名为《午后红茶》的歌，足见红茶配午后的经典程度。午后红茶有着悠久的历史，每天下午3点暂时放下手头工作饮用红茶，可以放松紧张的神经，缓解工作压力。红茶最适宜与万物搭配，根据自身喜好，可以制造出多彩饮茶方式。爱美养颜的年轻女士可以尝试玫瑰红茶，口感芳香甜美，具有女性温柔典雅的独特气质，还有促进新陈代谢的作用。活力青年可以尝试酸甜清新的柠檬红茶，抗氧化活性强，也比柠檬茶饮料更加健康。喜好甜美的人则可以调配蜂蜜红茶，佐以苹果干或者红枣、山楂干等配料，甜美又消食。

红茶也是英式下午茶的典型用茶。居家饮用时，不妨选择精致的陶瓷茶具，搭配少许水果或蛋糕饼干等甜点。也可以加入新鲜牛奶配置为奶茶，舒缓情绪还能补充能量，可谓精致生活之选。

气味芬芳的乌龙茶可以作为午后红茶的替代品。相较于具有花果香的红茶，乌龙茶的香气则更为丰富多变。利用盖碗冲泡一杯品质优良的乌龙茶，仅是轻嗅香气，就足以令人忘忧。现代研究认为，乌龙茶与脂类代谢过程密切相关，有一定的降脂减肥的作用。午饭常常是大鱼大肉的油腻重灾区，下午喝一杯乌龙茶避免脂肪积累和在腹部堆积，长期来看，也有利于血压血脂健康，降低心脑血管疾病的风险。

要注意的是，进食结束不宜立即饮茶，这既是出于对胃肠的呵护，也是考虑到食物营养素的吸收利用。

19:00—21:00　夜晚小聚喝普洱或老白茶

结束了一天的辛苦工作，晚间放松时段以茶会友，普洱茶确实是不二之选。经过了一日三餐，夜晚是一天中积攒能量最多的时候，常容易感到油腻。普洱茶最能刮油，且促消化，来一杯普洱茶有助于大餐后回归舒适。此外，熟普洱相对而言不易影响睡眠，也是夜间饮茶的首选。不过，每个人对茶的反应不同，刚刚尝试普洱的人，可以先小酌两口试试，看看是否会让神经兴奋，难以入眠。如果接受不了普洱茶的浓郁口感，夜间饮茶也可以选择陈年老白茶。但是，也要注意的是晚间喝茶不宜过浓。

应时而动，应时而饮。在昼夜和四时轮回中选择合适的茶饮，不仅能够保健强身，同时也顺应了中国古人阴阳互动的哲学命理，修身养性。这种天人合一的和谐之美也正是千载茶文化博大精深的集中体现。

一个像火星，一个像金星

乾坤顺位，阴阳相合。男人和女人，一个像火星，一个像金星。火星是力量与刚强的象征，正如男人的可靠、勇敢和沉默。金星则代表智慧与美丽，正如女人的优雅、温柔和贤淑。男女不同的性格特质和偏好，对于茶的选择上也有区别。

男性饮茶推荐

识得真苦，方知生活真味。烈酒、浓茶与男人的味蕾是分不开的。在茶味的选择上，男性一般比女性更偏爱口味浓烈的茶，如普洱茶、乌龙茶等。此外，传统医学认为，男性属阳，与女性相比更倾向于阴虚实热，表现为喜凉怕热，因此通常会更多地饮用绿茶之类性味偏寒凉的茶，以及其他苦涩味较重的茶种，甚至是生普洱。

饮茶与男性的健康需求也是匹配的，男性往往承担更多的工作压力和经济压力，吸烟、熬夜、喝酒、大鱼大肉、缺少运动等不良生活习惯在中年男性群体中相对普遍。高体重、高血压、高血脂、高血糖的“四高”问题也成为男性亚健康甚至是慢性病的主要元凶。绿茶、乌龙茶、普洱茶具有调节糖脂代谢的作用，能够降低常见慢性病的发病风险。特别是绿茶，其突出的抗氧化活性可以减轻烟酒熬夜给机体带来的氧化损伤。因此，应该将饮茶作为男性日常生活的一部分。

此外，一些代茶饮同样适合男性。比如菊花茶、金银花茶、苦丁茶清热解毒，适合四季饮用。藤茶、葛根、葛花、枳椇子有一定的解酒作用，适合酒后服用，减轻宿醉的痛苦。

女性饮茶推荐

爱美永远是女人的天性。在茶饮上，除了健康可口，赏心悦目对于女士来说同样非常重要，这时花草茶就不失为合适的选择。花草茶中，既有花果直接成茶的品种，如玫瑰花茶、菊花茶，还有用花香窨制的茶，如茉莉与绿茶窨制的茉莉花茶。花茶普遍含有芳香烃等物质，香气馥郁。但是，不同的花茶功效不同，玫瑰花茶有助于活血化瘀，使人面色红润；菊花茶有清热去火、养颜排毒的功效；茉莉花茶除秽气，令人心情愉悦。自然花香有清心养性，安神醒身和愉悦心情的作用。点燃一盏精油蜡烛，配上合宜的花茶，无论是与三五好友共饮还是独自品鉴，都能让生活平添一份精致优雅。

从体质上看，女性属阴，饮茶时需注意滋阴补血。因此，女性饮茶不宜过浓，也不宜在饭后立即饮用，以减少对铁吸收的影响。一些女性在冬天会有手脚冰凉、经期腹痛等烦扰，此时需饮用性质平和或偏温的茶——红茶。红茶的花果香是符合女性喜好的。相对而言，红茶对于肠胃较为友好。而且红茶能够促进末梢血管舒张，让人觉得温暖，改善手脚冰凉的症状。红茶的抗氧化作用虽然不如绿茶，但仍然是很高的。研究表明，饮用红茶还可以降低更年期女性在过渡时期的不适感，帮助保持骨密度。

生姜红茶是阴雨天和特殊时期的绝佳选择。妙手慧心的你还可以在红茶中加入牛奶、柠檬、柑橘等配料，调配属于自己的特制茶饮。

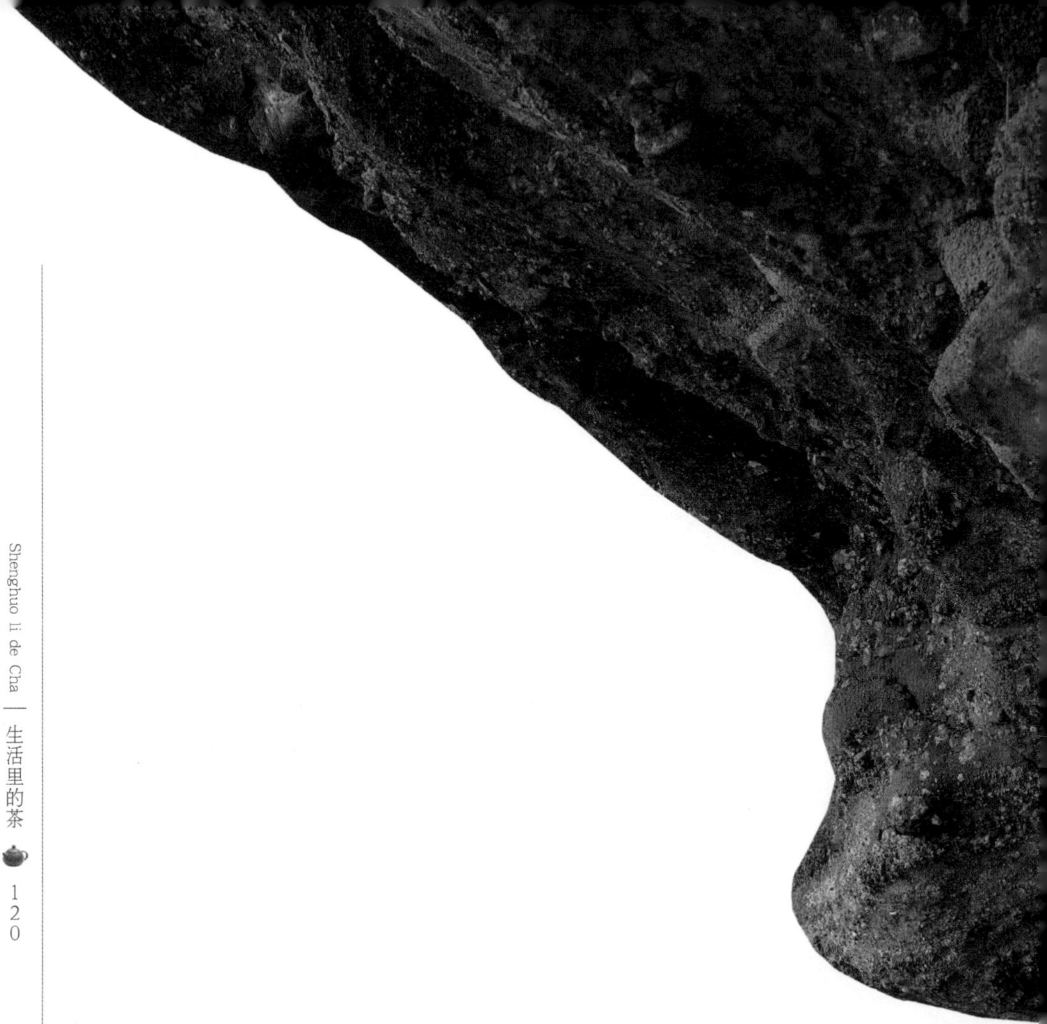

而立、不惑、耄耋

人生如逆旅，我亦是行人。处于不同年龄段的人有着不一样的人生经历和感悟，当然也有不同的饮茶偏好和健康需求。

年轻人饮茶推荐

在惯常的思维中，年轻人更喜欢快餐、碳酸饮料，与喝茶沾不上边。实际上选好适合自己的茶，年轻人也能感受到喝茶的乐趣。年轻时气血充盈，健康状况较好，不少年轻人热衷于各种冷饮，而人体的正气并非取之不尽用之不竭，冷饮会逐渐耗伤体内正气，让衰老提前到来。因此，比起冰冰凉凉的碳酸饮料，喝茶更有助于健康。绿茶是春天的代表性茶，清新嫩绿的颜色就像年轻人青春活力的生命状态，稚嫩但却充满希望。年轻人元气足、心火旺，清润的绿茶恰如一泓清泉，滋养与平衡着年轻人的青春活力。泡绿茶时水温不宜过高，否则茶叶会变得枯黄而泛苦，失

去其清新的口感。绿叶在水中沉浮舞蹈，茶香引诱你举杯啜饮，入口温和滋润，入喉微有回甘，饮后精神振奋，活力充沛。配上绿豆糕或麻薯等小点心，开启充满希望的清晨。

各类水果茶口味香甜清新，颜色丰富，更加适合年轻人的口味和心境，如柠檬茶、柑橘茶和百香果茶等，酸酸甜甜的口感和恋爱的心情也很相配哦！

久坐于电脑前，年轻办公族常常会受到眼睛干涩的困扰。这时可选用菊花茶或金银花茶，有清心明目的作用。工作间隙来一杯，放松身心、舒缓情绪，继续精神百倍地投入到工作中。

中年人饮茶推荐

“越过山丘，才发现已白了头”，人生经历造就了中年人更为丰富的阅历和积淀。中年人饮茶，比年轻人更多了一份沉稳持重，在茶类的选择上也更加偏向于味道醇厚持久的茶。

从青春洋溢到如日中天，中年是发挥社会价值的黄金期，也是身体机能由盛转衰的过渡期。此时若能根据自己的身体特质选对真正适合自己的茶，则可以让年富力强的好时光尽量延长。中年人元气逐渐衰微，加之久坐伤脾，体内水谷精微物质的转化能力普遍下降。因此，中年人饮茶一方面要注重温和补益，以醇厚增补元气；另一方面可以选择具有促进代谢功能的茶。

普洱茶是一款非常适合中年人饮用的茶。回溯历史，普洱茶曾是茶马古道上的绝对明星。普洱茶分为生普和熟普，不同的加工处理方法造就了两种茶迥异的特点：生普

味香、略苦涩、生津回甘；熟普入口厚滑、甜糯、有滋味。陈年的普洱茶茶砖和茶饼又是收藏和送礼的绝佳选择，无论是自饮还是用来社交，普洱茶都很合宜。宠辱不惊，有容乃大，是这一人生阶段的特点，也是普洱茶的品格。

龙井、碧螺春、六安瓜片、黄山毛峰、信阳毛尖等名优绿茶也很适合中年人。这些茶叶品质优良，适合有一定阅历和经济实力的中年人。同时，绿茶抗氧化、抗衰老、改善心血管和糖脂代谢的功能也是其备受中年人青睐的原因所在。

中年往往是人生事业的鼎盛时期，体力与压力的不匹配容易导致疲劳困倦。工作半天，时至下午，趁休息间隙泡一杯凤凰单丛，既可以缓解疲劳，还能体会到凤凰单丛丰富多彩的香型，放松身体、舒缓精神。

老年人饮茶推荐

行至暮年，品茶一盏，宛如品人生百味。茶的功夫与人生的哲学相互应和，更有妙处。老年人身体元气不足，平素身体状况不佳者还会呈现出久病入络、痰瘀互结的状态。因此，老年人所饮之茶应性味醇和、温厚补益，在不

影响睡眠的前提下行气活血，提高机体对外界环境的适应能力。

红茶性质温和不伤胃，还有暖身的效果，因此较为适合老年人饮用。

黑茶素有人体清道夫之称，经渥堆发酵而成的黑茶具有促消化、解腻消食的作用。老年人胃动力相对缺乏，可以饮用黑茶帮助消化，宜选择熟普、陈年茯茶等发酵充分的黑茶，其口感醇厚，饮用后肠胃较为舒适。

除了选茶，老年人喝茶应尽量淡一些，避免浓茶对身体的刺激。老年人睡眠较浅，往往入睡困难，还要注意尽量不在临睡前饮茶。还有一些情况是不推荐饮茶的：空腹及饭后半小时以内不宜饮茶、多药联用不宜饮茶、不宜饮用凉茶和隔夜茶、不宜用茶水送药。

不同健康需求与饮茶

茶叶具有调节免疫力、调节肠道菌群、改善糖脂代谢等健康作用。不同茶叶由于原料品种、产地、加工工艺的差别具有不同的物质成分特征，造就了不同的健康属性。根据自身健康需求进行选择也是一种不错的选茶方式。

提神醒脑喝红茶与绿茶

茶中的咖啡因具有提神醒脑的作用，但过犹不及，需要慢慢摸索适合自己的饮茶量。值得一提的是，欧洲食品安全局支持了联合利华关于红茶提高注意力的健康声称，认为这一作用的功能成分是咖啡因，为实现这一目的，应每天喝2 ~ 3杯红茶。绿茶等其他茶叶其实也有类似的研究证据。

抗氧化喝生普与绿茶

茶叶普遍具有抗氧化活性，茶多酚尤其儿茶素含量高的茶叶，其抗氧化能力尤为突出，生普和绿茶就是抗氧化领域的佼佼者。选用任意一种茶，都可以提高膳食抗氧化指数，带来一系列健康益处。越来越多的营养学研究认为，比起膳食补充剂，从天然饮食中获取充足的抗氧化物质更为安全和健康。因此，建议每天多吃蔬菜、水果，并适量饮茶。

辅助减肥喝所有茶类

茶叶减肥一直是学界和业界热爱的话题。从现有研究看，不论哪种茶叶，都有促进代谢健康的益处，都是维持健康体重推荐的饮品。所以，需要了解减肥者的控制目标是血糖、血脂、尿酸还是其他，再综合考虑胃肠道、咖啡因耐受度等因素，量身优化饮茶方案。不过不论哪种茶，都不应该被当作单方减肥神药，要配合均衡膳食和适度运动，才能达成预期的目标。

肠道敏感人群喝红茶与黑茶

生普、绿茶等发酵较轻的茶叶因含有较多的茶多酚，对肠胃的刺激作用较强，因此建议严重胃病和肠炎患者先暂停喝茶。但有研究发现，红茶通过增加前列腺素E的合成可抑制吲哚美辛等药物引起的消化性溃疡，因此，对于消化道情况尚可，只是对一些茶叶成分较为敏感的人，可以选择发酵程度较深的红茶及后发酵茶，比如利用冠突散囊菌（金花）充分发酵的茯砖茶、熟普等。

便秘喝黑茶

便秘人群建议喝黑茶，如茯砖茶、熟普等。不同的黑茶都具有一定的通便作用，只是作用速度和程度因人而异。而绿茶和红茶在通便作用方面存在较大的个体差异，甚至是相反的方向，有些人喝绿茶和红茶可通便，有些人则会便秘。近几年，一些企业研制了可控发酵的黑茶，发酵较为充分，批次间质量稳定，试验数据较为可信，而且有较为明确的推荐饮用量。如果确有所需，优先选择此类茶叶。

黑茶通便的机制是复杂的。除了茶叶含有的膳食纤维之外，最有可能的原因是黑茶促进了结肠中的微生物产生丁酸，刺激肠道蠕动。此外，饮茶带入的水分使得大便软化更加易于排出；发酵过程中小分子多酚转化为大分子的茶褐素等物质，消除了不发酵茶中导致便秘的因素。

愉悦心情喝绿茶与茉莉花茶

茶叶中的咖啡因和茶氨酸作用于神经系统，在提神醒脑的同时可以增加中枢神经系统单氨类神经递质的水平，从而促进愉悦情绪的产生，具有一定的抗抑郁活性。所以茶氨酸较高的绿茶和茉莉花茶，更容易令人心情愉悦。茉莉花茶的香气物质还可以通过嗅觉感受器直接传递到中枢神经系统，激活愉悦情绪的反馈通路，并带来心理上的放松和愉悦感。

解酒喝绿茶与白茶

解酒，指的是促进酒精代谢或者减少酒精性肝损伤。绿茶多酚可以使肝脏中的抗氧化酶（包括谷胱甘肽过氧化物酶GSH-Px、超氧化物歧化酶SOD）活性增强。茶氨酸可以提高乙醇脱氢酶和乙醛脱氢酶的活性，加速酒精代谢，同时抑制微粒体氧化体系对酒精的代谢，减少脂质过氧化损伤，对GSH-Px的正常生理活性也有维持作用。所以，酒后推荐喝绿茶、白茶等抗氧化能力强、茶氨酸含量高的茶叶。需要注意的是，喝茶无法从根本上清除喝酒带来的损伤，海量饮酒和浓茶搭配，会因为咖啡因和酒精的双重作用，对身体产生更大的负担。

防癌抗癌喝绿茶、生普与茉莉花茶

这是基于研究数量和结果一致性推导出的结论。可能的原因包括：绿茶和生普抗氧化能力强，具有强大的抗炎作用，还有抑制血管新生的作用，这些与癌症风险降低有一定的关联；心情抑郁也会让癌症的风险增加，喝绿茶和茉莉花茶可以愉悦心情、减少抑郁症的发生，这种间接的作用不可小觑。

当然，任何一种茶都可或高或低降低癌症的发生率，这与茶叶带来的代谢健康益处有关。研究证据表明，肥胖会增加癌症的风险。现在肥胖者越来越多，而喝茶可以减少糖脂吸收、促进能量代谢、改善胰岛素功能。可以说，合理膳食、适当运动、良好的饮茶习惯，可以通过促进代谢健康，减少因肥胖等问题导致的癌症。

抗过敏喝乌龙茶

关于茶叶抗过敏的研究较少。有文献报道，乌龙茶中的甲基化儿茶素，可以拮抗IgE受体，继而抑制IgE介导的I型变态反应。甲基化儿茶素还可以抑制肥大细胞释放组胺，从而减轻组胺介导的打喷嚏、流鼻涕等反应。所以，过敏情形下，不妨喝点乌龙茶。

怕冷喝红茶与黑茶

这两类茶叶经过内源酶或者微生物的作用，寒性减弱，呈现温性，比较适合怕冷的人喝。研究发现，红茶可以促进血液循环。因为红茶是茶黄素含量最高的茶叶，茶黄素配合儿茶素可以作用于血管内皮细胞，促使其释放一氧化氮，一氧化氮是一种可以舒张血管的信号分子。血管舒张、外周阻力下降、血液循环得以改善，就会有“暖”的感觉。

生姜红茶、生姜黑茶可进一步促进产热。因为生姜中含有姜酚、姜烯酚、姜酮等辣味成分，统称“姜辣素”。姜辣素不仅是强心剂，还可以舒张血管、抗凝血。所以饮用姜汤，会觉得发热。饮用姜茶，两者相得益彰，不仅驱寒，还可以改善心血管健康。

经期宜饮淡茶

我国传统认为，经期不宜喝茶，这种观点虽然过于偏激，但也不无道理。饮用浓茶一定程度上会影响铁的吸收，而经期恰恰是铁流失比较严重的时期。另外，咖啡因还有可能会加重经前期综合征。因此，如果经期要喝茶，建议饮用淡茶，最好是脱咖啡因的茶叶。推荐从经前0 ~ 2天起就加点姜，连续服用3 ~ 5天，一定程度上可以缓解痛经的作用，这与生姜抗炎镇痛、抗凝血的活性有一定的关联。

促消化喝黑茶

促消化首选黑茶，例如茯砖茶、熟普等。这类茶叶在我国饮茶史上留下的最大盛名，就是为那些以肉食和乳酪为主的民族，带去了解腻、促消化的重要作用。由于必须喝茶才舒服，还形成了“恃茶”现象。明代淡修记录“(砖)

茶之为物，西戎土番，古今皆仰给之，以其腥肉之食非茶不消，青稞之热非茶不解”。《红楼梦》中写宝玉吃了面食，怕停食，林之孝家的劝他闷“普洱茶”，宝玉饮后，顿时食欲大增。这些都是黑茶去滞化食的体现。

黑茶促消化，表现为整体上减少了食物在体内的滞留时间，不仅与其促进食物消化酶的活性有关，也与其促进肠道蠕动（通便）的作用有关。

解腻喝黑茶

腻，不只是身体的肥胖和沉重感，也包括舌头对食物的感受。腻的食物，一般油脂较多。除了促消化、通便、减少脂肪吸收的作用之外，黑茶中含有的皂苷类物质（就是猛烈摇晃时产生的泡沫）能与脂肪发生乳化作用，可能是影响味蕾感知的一个原因。

改善糖代谢喝红茶、绿茶与黑茶

糖代谢涉及复杂的通路和干预靶点。改善胰岛素抵抗、稳定餐后血糖、调节肠道菌群，都有助于改善人体的糖代谢功能。应该说，所有的茶都有一定的代谢健康益处，但不同茶的特点有所不同。

稳定餐后血糖优选红茶。茶叶可以通过延缓和减少碳水化合物的消化、吸收，达到稳定餐后血糖的目的。稳定餐后血糖的意义不只在于降血糖，还可以降低血糖大幅波动引起的心血管损伤，从而降低心血管事件的发生。红茶中的茶红素、茶黄素、儿茶素和咖啡碱等成分存在协同作用，共同实现这一功能。

改善胰岛素抵抗优选绿茶。关于绿茶成分的相关报道最多，可能跟绿茶中的化合物分子量较小，更容易被人体利用有关。

调节肠道菌群优选黑茶。黑茶中的茶多糖和茶褐素含量较为丰富，有研究发现，饮用黑茶可以调节肠道微生物，抑制有害菌的生长，促进具有代谢健康潜力的有益菌增殖。

骨质疏松喝绿茶、白茶与红茶

有观点认为，骨质疏松不宜喝茶，原因是茶叶成分影响钙吸收，加重骨质疏松和骨折的风险。但是，越来越多的研究发现，由于茶叶富含黄酮类化合物，其实有助于骨密度的维持，不会增加骨折风险。对于更年期女性而言，饮茶加运动对骨健康益处更为显著。绿茶、白茶、红茶都是好的选择。

中医体质与饮茶

民间有句俗语："龙生九子，其各不同。"每个人因先天禀赋与后天获得的情况不同，会形成不同的体质。不同的体质代表了不同的健康状态，自然适合不同的茶。

中医体质分类

中医体质学认为，体质是一种客观存在的生命现象，是人体生命过程中在先天禀赋和后天获得的基础上所形成的形态结构、生理功能和心理状态方面综合的、相对稳定的固有特质。早在两千多年前，我国第一部医学典籍《黄帝内经》中就已经有了关于体质的思考。如今，中医体质学已成为国家基本公共卫生服务的一部分，为国民的健康贡献中医的力量。

体质既是一种健康状态的表达，又是一种个体特质的分类。通过体质的平和程度，我们能够知道自己的身体状况是否健康。通过体质分类，不同特征的体质类型能够得以区分，以便于采取适合自己的调养保健方式。

体质的形成，首先会受到先天因素（如父母体质、胎养条件）的作用，同时也受多种后天因素（如生长环境、饮食偏好、医疗干预等）的影响。纵观人的一生，体质的形成与发展是不断变化的动态过程，儿童时期、青少年时期、中年时期及老年时期的体质各具特点。但是在一两年内，个体的体质状态相对稳定，不易发生明显的改变。

究竟该把人的体质分为几类，曾经引起过学术界的广泛讨论。目前，通行的标准是由王琦院士提出的体质九分法：平和体质、气虚体质、阳虚体质、阴虚体质、痰湿体质、湿热体质、血瘀体质、气郁体质及特禀体质。在上述九种体质中，平和体质代表了良好的健康状态，是一种积极健康的体质。其余八种体质在不同方面存在着失衡，统称为偏颇体质，代表了不够健康的状态，需要予以调整。

如何判断自己的体质

如何判断自己究竟属于哪种体质呢？我们可以根据下表所列述的九种体质显著特征，对自己的体质类型进行简单的归类。

平和体质	形态特征	心理特征	常见表现	环境适应	发病倾向
平和体质	匀称健壮	随和开朗	面色红润、精力充沛	适应能力强	少患病
气虚体质	肌肉松软	内向胆小	气短懒言、易出虚汗	不耐寒、热及风	易感冒
阳虚体质	白胖或瘦弱	内向沉静	畏寒怕冷、面白唇淡	不耐寒冷	易腹泻
阴虚体质	干瘦	外向急躁	手足心热、大便干燥	不耐热、燥	易上火
痰湿体质	腹型肥胖	温和稳重	多汗多痰、身体沉重	不耐湿	易三高
湿热体质	偏胖	急躁易怒	面垢油光、口苦口干	不耐湿、热	易生疮
血瘀体质	偏瘦	烦闷健忘	口唇紫暗、疼痛瘀斑	不耐风、寒	易出血
气郁体虚	偏瘦	敏感忧郁	烦闷不乐、胁肋胀满	不耐刺激	易抑郁
特禀体虚	不固定	不固定	不固定	适应能力差	易过敏

九种体质典型特征描述

在对照了上表的内容后，或许会出现自身情况与不止一种体质类型的特征相符的情况。我们可以选择一种与自己最为相似的体质进行考虑，也可以将自己的饮茶需求与多种体质类型一起对应来看。

不同体质如何选择饮茶

◎ 平和体质人群阴阳平衡、气血充盈，健康状况较好，对茶具有普遍的适应能力。因此，平和体质者可以根据气候季节、口味偏好等因素对各类茶进行选择。

◎ 气虚体质人群身体元气不足，常感疲惫。黑茶性味温厚，并且富含咖啡碱，能够起到缓解疲惫、促进新陈代谢的作用，适于气虚体质者饮用。

◎ 阳虚体质人群平素肢寒怕冷，推荐饮用偏温热的红茶和黑茶。

◎ 阴虚体质人群常被烦热的感受困扰。清香鲜爽的绿茶偏凉，能够缓解阴虚体质者烦热上火的症状。

◎ 痰湿体质人群常感身体困重，同时易患高脂血症等代谢性疾病。黄茶和乌龙茶都有助于调节代谢异常，改善血脂偏高的情况。六堡茶尤具祛湿功效，同样适合痰湿体质者饮用。

◎ 湿热体质人群普遍具有饮酒的习惯。中医认为，酒为熟谷之液，最为湿热。对于湿热体质者而言，以茶（尤其是饮用白茶这样凉性的茶）代酒，更有利于身体健康。

◎ 血瘀体质人群气血循行不畅，易出现血液瘀滞的情况。红茶性味温热，利于疏解瘀滞。中医认为，红色对应五脏里的心，“心主血脉”，推动并调节血液的循行。因此，红茶对于血瘀体质者来说尤为合适。

◎ 气郁体质人群体内气机不畅，常出现烦闷、抑郁的情绪。窨花茶气味芬芳，制作过程中常用到的茉莉花等花材具有行气解郁的功效，经常饮用可以愉悦身心。

◎ 特禀体质人群身体抵抗力较弱，容易过敏。在确定茶叶不是引起过敏反应的过敏原后，可以常饮乌龙茶调节体质。需要注意的是，饮茶时不要将冲泡产生的泡沫撇去，因为产生泡沫的茶皂素具有抗过敏的功效，对特禀体质者有益。

饮茶之不宜

◎ 空腹不宜喝浓茶，以减少对神经系统和胃肠道的刺激，并避免“茶醉”现象的发生。

◎ 神经衰弱、失眠症患者不宜喝茶。平日喝茶少、对咖啡因敏感的人下午三点之后也不建议再喝茶，以免影响睡眠。

◎ 贫血者不宜喝茶。因为喝茶会阻碍食物铁的吸收。反之，对于不贫血的人，只要保证充足的膳食铁摄入，是不用担心茶的影响的。

◎ 乳母不宜喝茶，因为茶中的咖啡因会通过乳汁进入婴儿体内，刺激婴儿的神经。而且婴儿对咖啡因的代谢能力弱于成人，会加重对咖啡因的反应。

◎ 患有胃溃疡等消化道疾病的人不宜喝茶。因为茶中的咖啡因、儿茶素等物质都会加重对胃肠的刺激。

◎ 服药期间应谨慎喝茶，听从医嘱。原因是茶叶成分可能通过理化反应影响药物的形态；可能通过改变药物代谢特点增强或者削弱药效；也可能产生协同作用，让药物的量效关系和安全范围发生变化。这里的药主要是指西药，以及不属于食药同源的中药。

生活里的茶

Shenghuo li de Cha

畅饮中国茶

Changyin Zhongguo Cha

一碗喉吻润，二碗破孤闷。

三碗搜枯肠，惟有文字五千卷。

四碗发轻汗，平生不平事，尽向毛孔散。

五碗肌骨清，六碗通仙灵。

七碗吃不得也，惟觉两腋习习清风生。

蓬莱山！在何处？

玉川子乘此清风欲归去。

《七碗茶歌》——唐·卢仝

第四章 畅饮中国茶

茶，早已是中国人日常生活不可少的饮品。茶，可独自慢饮，也可与亲朋细品；可在差旅中与美景相配，也可在办公室飘出一刻放松。

茶事，便是人生事。正如对待不同的人要有不同的态度，不同的场合、招待不同的人也需选择不同的茶。想要泡上一壶好茶，泡茶用水、茶具、火候都要讲究而不能将就。若泡茶步骤每一步都到位，很难得不到一壶值得夸赞的好茶，这也正如人生一般，不疾不徐，走好每一步，才能通往成功。

泡茶之水、器、火的选择

现代化的生活方式，常常将人置于喧嚣之中，心境也随之起伏动荡。若人心浮躁，解法之一便是静下来、慢下来。泡茶，便是再合适不过的了。泡茶之人不仅要懂得茶叶的色、香、味、形，还得仔细琢磨如何泡出一壶好茶。

明人许次纾在《茶疏》中说："茶滋于水，水藉乎器，汤成于火，四者相须，缺一则废。"

茶、水、器、火四者是泡一壶好茶的讲究所在，每一步都需做到极致。这种精细，也是茶文化的内涵。对于泡茶人来说，在每一个步骤中，都能感受到精力的集中，收获内心的平和。可以说，耐心之人，在泡茶中享受慢节奏；缺乏耐心的人，也能在一次一次的操作中，感受到泡茶的乐趣，培养耐性。而回归到茶的本质，恰到好处的冲泡方式，一则尽可能溶出品质成分在恰当的范围；二则尽可能减少风险物质的溶出；三则让汤色赏心悦目。如此，茶汤的色、形、滋味和健康价值才能得到最优的呈现。

泡茶之水

“茶性必发于水，八分之茶，遇十分之水，茶亦十分矣。”在成书于明代的《梅花草堂笔谈》中，作者张大复肯定了好水对好茶的决定性影响力。水是茶叶中品质成分的溶剂，也是茶香茶味的承载者。只有选对了泡茶的水，才能泡出一杯茶汤清亮、茶味清新、口感纯正的好茶。

按照唐代陆羽知名的《茶经》中的讲法，泡茶选水遵循“山水上，江水中，井水下”的准则。意思是山泉水为最佳，江河水次之，井水再次。这不仅仅是古人的“偏执”，现代科学对陆羽的看法也提出了很好的解释。

中国农业科学院茶叶研究所比较了用不同水泡茶的区别。结果发现，用来自杭州的纯净水、矿物质水、山泉水以及自来水冲泡绿茶、乌龙和红茶，会因为水质的差异影响茶汤的化学组成、感官品质和抗氧化活性。矿物质水和自来水冲泡，茶的滋味、儿茶酚含量和抗氧化能力都显著低于纯净水。进一步研究发现，茶叶中有效成分的溶出与水的电导率和pH有关。电导率是一种与水中矿物质含量密切相关的指标，通常水中的矿物质越多，传导电流的能力越强，电导率也就越高。pH则是衡量酸碱性的指标，pH越高，表明碱性越强；反之则酸性更强。结果发现，溶出到茶汤的儿茶素含量随电导率升高而降低，稳定性随pH升高而变差。降低水质的pH和电导率能改善茶的滋味，增加儿茶素的含量。最终的研究结论是，纯净水和山泉水更适合冲泡绿茶和乌龙茶，而具有低pH和适宜的离子浓度的山泉水最适合冲泡红茶。

“融雪煎香茗”，“分泉谩煮茶”，古人们用诗意的方式实践饮茶的科学。酸碱度适中、硬度适中，符合卫生标准又清洌甘甜的水将赋予一杯茶灵魂之味。现在我们对水质有了更为深刻的认识，在我国现行有效的生活饮用水卫生标准（GB 5749—2006）中，提出了106项水质指标。指出生活饮用水不得含有病原微生物、危害人体的化学物质、放射性物质，而且应该具备良好的感官性状，并经过消毒处理。因此，对于普罗大众而言，选择安全卫生的生活饮用水可能是最为省心、便捷的方式。反观雪与泉，由于受现代地球环境影响，品质差异较大，且与往昔已然不同。恐怕只有在环境保护得当、空气和水源纯净的地区，才能幸运地享受接一抔雪、一瓶泉的惬意了。

如何用自来水泡茶？

自来水是我们日常生活中最容易获得的水。自来水虽然卫生安全，但往往氯气含量较高，因此可能会影响茶汤的滋味和色泽，用自来水泡茶时，有两种方法：一是延长煮沸时间，让氯气充分挥发；二是可以用净水器过滤或用干净容器盛放并静置一天一夜后再煮沸泡茶。

烹茶之器

如果说水赋予茶灵魂，那么茶器的选择就决定了一杯好茶的筋骨。茶器的选择影响茶的品相，也体现出泡茶人的审美与修养，精神与风格。茶具选得好，就会与泡茶人的心境和所处的环境相得益彰。

早在西汉时代，辞赋家王褒就在《僮约》中写到“烹茶尽具”，这是关于我国茶具的最早记载。唐宋时期，茶文化发展得如火如荼，但饮茶的方法与今天有很大差别。唐朝时期的茶以饼茶为主，需要把制成茶饼的茶碾碎后再煎煮饮用。茶器的繁复程度也达到了一个顶峰。陆羽在茶经中记载的茶具就有28种之多，用于烤茶、研茶、取茶、煮水、品饮等一系列复杂的过程。到了明代，朱元璋“废团茶”，散茶兴起，饮茶方法也从“煮茶法”发展成“泡茶法”，茶具发生了根本性变化，出现了泡茶用的茶盏和茶壶。直至今日，茶壶和茶盏都是我们泡茶的主要茶具，只是材质更加丰富多样。

秦汉以前

茶具与酒具、食具共用

◎ 陶制的缶

隋唐以前

出现专用茶具，但与其他饮具区分不严格

◎ 出现青瓷茶具

唐

出现完备的（煮茶）茶具组合

◎ 贮茶、炙茶、煮茶、饮茶器具

◎ 民间多以陶瓷为主，皇室宫廷多以金银金属茶具为主

◎“南青北瓷”共处，即浙江越窑青瓷和河北邢窑白瓷

宋

延续唐而较唐更讲究

◎“斗茶”风盛行，饮茶用盏不用碗，崇尚黑釉建茶盏

元

记载较少

明

“煮茶法”改为“泡茶法”，开辟茶具新潮流

◎“碗泡口饮”，出现一套三件的盖碗茶具，即茶盏；但用的茶盏已由黑釉茶盏变为白瓷或青花瓷茶盏

◎“壶泡杯饮”，崇尚瓷制或紫砂制的小茶壶

◎ 福州的脱胎漆茶具、四川的竹编茶具、海南植物（如椰子等）茶具也开始出现

清

种类和造型延续明代，但工艺更精湛

◎ 粉彩、珐琅彩出现，还出现了脱胎漆茶具、四川的竹编茶具等

◎“景瓷宜陶”最为出色

近代

材质更加异彩纷呈

◎ 陶瓷为主，也有玛瑙、水晶、搪瓷等现代材质茶具

现代茶具根据材质不同，常见的有陶器茶具、瓷器茶具和玻璃茶具。不同材质茶具的散热性、透气性，对香气的吸附和释放特性都会不同，适合泡不同的茶。但用什么茶具更适合只是相对而言的，日常泡茶时，还是要根据实际条件和个人习惯来决定。并且，茶具的使用习惯也有明显的地区间差异——江浙一带饮用绿茶，一般用玻璃杯；北京喝花茶，习惯用盖碗；广东地区喝功夫茶，要用全套的功夫茶具；传统饮用黑茶的地区，则需要煮茶用的茶壶。随着六大茶类在全国的普及，不同的茶具也随之传播，形成了各种新的饮茶风尚。

陶器茶具

陶器茶具色泽上主要由紫色或红色的陶泥烧制而成，器具内外都不上釉，视觉上给人一种古拙又典雅大气的审美情趣。

陶器茶具中最为知名的要数宜兴紫砂壶。紫砂壶成陶火温较高，烧结密致，胎质细腻，内外不敷釉；不渗漏且透气，可以吸附茶汁、蕴蓄茶味，热天盛茶不易酸馊，且在冷热剧变的情况下不易破裂。由于陶泥特有的材质表面布满“微小”气孔，在茶汁的自然浸润下会日益显得光泽美丽，所以也有“养壶”的说法。好的紫砂壶讲究三平，即壶嘴、壶钮、壶把三点一线，既有利于茶水倒出，又有一种中正平和的独特美感。

发酵程度越高的茶越适合用紫砂壶等陶器冲泡，如乌龙茶、红茶和黑茶，老白茶也可以用陶器来冲泡。而绿茶、黄茶、白茶、花茶则不太适合。

瓷器茶具

瓷器选用特有的高岭土烧制而成，与陶器相比，瓷器施釉，窑温也更高，表面光滑圆润。在瓷器茶具中，白瓷、青瓷都是不错的选择。当然也有青花，粉彩等有绘画装饰图案的瓷器茶具，还有以建盏等为代表的窑变釉色瓷。瓷器（瓷壶、瓷杯、盖碗）传热不快，保温适中，所有的茶类都可以用瓷器冲泡。

玻璃茶具

现在还涌现出了耐热玻璃等新型材质的茶具，更适合观赏冲泡过程中茶叶起伏舞动的美感。绿茶、黄茶、白茶、花茶可以选择玻璃茶具冲泡。

此外，除了泡茶喝茶用的茶壶、茶杯、盖碗以外，还有一些常用的辅助泡茶器具，例如放置茶壶并承接漏水的茶盘（壶承）、擦拭茶盘用的茶巾、放置茶杯的杯托以及茶道“六君子”等。

茶道“六君子”，从左至右依次为茶漏、茶针、茶匙、茶勺、茶夹、茶筒

茶漏：也称茶斗，放在壶口上漏取干茶，防止茶叶落在壶外。

茶针：它的妙用是疏通细小的茶壶壶嘴，以防茶叶堵塞。

茶匙：将泡茶后的叶底从壶中取出。

茶勺：把茶罐中的茶盛入茶壶中需要用到它，有些地方也称为“茶则”，可以避免皮肤上的汗水和污渍污染茶叶。

茶夹：夹起移动茶杯，以免用手触碰导致不洁不雅。

茶筒：是放置茶艺用具的小筒状器皿。

火候功夫

和中式烹饪一样，泡茶也讲究火候功夫。具体说来，就是要掌握泡茶的水温、合宜的冲泡时间，以及恰当的投茶量。其目的，是把茶叶中蕴含的品质成分通过水浸出溶解，控制这些成分在合理的含量和比例，给予饮茶者最佳的感官体验。

我国古人很早就知道水温对茶汤品质的影响，因此对于煮水的火候有着细致的观察和记载。陆羽《茶经》记录，泡茶有三沸。一沸时，“如鱼目，微有声”，这时候水的火候不到，茶叶也没有泡够。二沸时，“边缘如涌泉连珠”，这时候最为适宜。三沸时“腾波鼓浪”，就已经是过犹不及了。唐代的茶叶主要是绿茶，从这一记载中就可以看出，冲泡绿茶的适宜水温要比沸水低一些。现在我们生活中的茶叶种类繁多，不同种类茶叶的品质成分存在差别，溶出的特征也有所不同。因此，对于不同的茶叶，需要控制和掌握不同的水温和冲泡时间。基本的原则是嫩叶茶水温低、老叶茶水温高；对于同一壶茶来说，前几泡时间短，越到后面时间越长，有利于充分发挥茶叶的余韵之美。需要注意的是，需低温冲泡的茶，应先将水烧开后再凉至所需要的温度。

茶叶类别		冲泡水温	茶水比	是否需要润茶	冲泡时间及次数
绿茶	细嫩绿茶（西湖龙井、碧螺春等）	70 ~ 80℃	1：50	否	玻璃杯冲泡品饮，可续水冲泡3次
	其他绿茶（六安瓜片、太平猴魁等）	< 85℃			
白茶	白毫银针、白牡丹	80 ~ 90℃	1：40	否	第一泡20秒内出汤为宜，以后每泡增加20~30秒。一般可冲泡4~6次
	贡眉、寿眉、饼茶	沸水冲泡或煮茶			
黄茶	黄芽茶	80 ~ 85℃	1：40	否	第一泡20秒内出汤为宜，以后每泡增加20~30秒。一般可冲泡3~4次
	黄小茶和黄大茶	90 ~ 95℃			
乌龙茶	白毫乌龙等嫩采乌龙茶	85 ~ 90℃	1：20 ~ 1：30	是，闷润3秒	第一泡茶闷茶时间10~20秒，以后每一泡顺延10~30秒。一般可冲泡5~7次
	铁观音、武夷岩茶等开面采乌龙茶	沸水			
红茶	芽叶细嫩的红茶	90 ~ 95℃	1：30 ~ 1：50	否	第一泡3~5秒，以后每泡增加3~5秒。一般可续水冲泡3~5次
	其他	沸水			
黑茶	黑茶	沸水	1：30 ~ 1：50	是，润茶1~2次，每次3秒	第一泡1分钟左右，随着冲泡次数递增，时间从1分钟逐渐增加至数分钟。一般可冲泡7~8次
花茶	花茶	90℃	1：50 ~ 1：60	否	冲泡3分钟左右，通常能冲泡2~3次

专业泡茶篇

世人懂茶、爱茶、敬茶，茶文化也应运而生。一壶茶，不仅仅是水与茶的简单相会，其间更蕴含着茶人的处世之道、待人之礼。讲究的泡茶方式，也折射了一代又一代中国人的生活态度。

泡茶讲究茶道礼法。泡茶时的着装除了风格、颜色要与茶席、茶具相配以外，需要注意尽量避免穿袖口宽松的衣服，用夹子固定领带或者饰品，尽量避免戴手表、手链等饰品，以防泡茶过程中勾倒茶具；头发要梳紧，妆容要淡雅，不使用香气太重的化妆品或香水，以免影响茶叶的香气；泡茶时，身体要坐正坐直，身体距离茶桌保持一拳半至两个拳头的距离为宜；泡茶过程中动作要轻，要“轻言轻语、轻拿轻放、轻手轻脚”，不可让茶具发出碰撞的声音。

焚香品茗，自古以来是文人雅集不可或缺的一部分，明代万历年间的名士徐𤊹在《茗谭》中说道：“品茶最是清事，若无好香在炉，遂乏一段幽趣；焚

香雅有逸韵，若无名茶浮碗，终少一番胜缘。是故，茶、香两相为用，缺一不可，飨清福者能有几人？”当香和茶相结合，便勾画出了高雅的生活美学。沉香和檀香都是不错的选择，能够帮助调节情绪，静心安神。

一切准备就绪后，就到了最重要的泡茶环节了。不同的茶适合不同的冲泡方法，通常绿茶、黄茶、白茶和花茶适合用玻璃杯冲泡，乌龙茶、红茶、黑茶适合用紫砂壶冲泡，而盖碗适合冲泡所有的茶类。下面分别介绍玻璃杯泡茶法和盖碗泡茶法，紫砂壶泡茶方法同盖碗泡茶法，在此不再详述。

玻璃杯冲泡法

备茶　用茶勺盛取适量茶叶放到茶荷中，然后递给客人鉴赏茶叶外观。

温杯　选择直筒、透明、无花的玻璃杯，将沸水沿杯壁四周缓缓注入杯中，转动茶杯将杯子的每个部位都温润到，然后将水倒掉。

投茶与注水　投茶方法可以分为上投法、中投法和下投法。上投法：向杯中注入温度适宜的水至七分满，再投入茶叶；中投法：向杯中注入少量的温度适宜的水，再用茶匙将茶勺中的茶叶拨入杯中，待茶叶舒展后再注水至七分满；下投法：将茶叶拨入杯中，再注水至七分满。注水的时候要注意沿着杯壁注水，避免直接对着茶叶冲水。

上投法
◎ 条索紧细、芽叶细嫩的名优绿茶，例如：碧螺春、信阳毛尖、蒙顶甘露等

中投法
◎ 条索紧结、扁形、芽叶细嫩的名优绿茶，例如：西湖龙井、黄山毛峰、竹叶青等

下投法
◎ 条索较松、嫩度较低的绿茶，例如：六安瓜片、太平猴魁等
◎ 黄茶、白茶、花茶等其他茶类

闻香与品饮　闻香的时候对茶只能吸气，不能呼气。要先侧头吐一口浊气，然后再吸一口茶香，然后再侧头吐一口气。闻香之后就可以品茶了，品饮至茶汤剩余三分之一时，再续水。

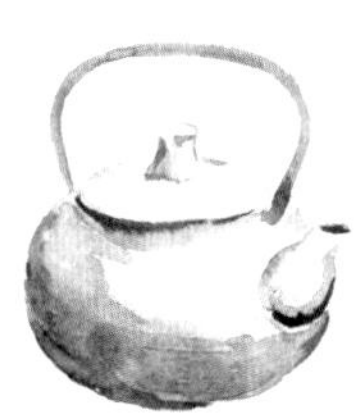

泡茶小建议——烫水温杯

泡茶前宜先用烫水温杯，这不仅是洁净茶具的需要，更重要的是可以提高茶具的温度，在后续冲泡茶叶时，不会因为茶具太凉降低水温，影响茶汤滋味与香气。河南大学一项关于冲泡信阳毛尖茶的研究提供了参考数据。将信阳毛尖茶置于紫砂、陶瓷、玻璃茶具及纸杯中分别冲泡，发现冷杯直接冲泡时，茶多酚、氨基酸、茶多糖和咖啡碱在紫砂茶具中的溶出量相对较小；而温杯后再泡，则茶具之间不存在明显的差异。

盖碗冲泡法

备茶　散茶可以用茶勺盛取适量茶叶放到茶荷中。如果是饼茶、砖茶等紧压茶，先用茶刀撬起适量的茶放入茶荷。饼茶要从饼背中心的凹陷处开始，将茶刀从凹陷处插入到茶中，向四周放射性的撬起适量的茶；砖茶要把茶刀从茶砖侧面沿边缘插入到茶中，一边用力一边将茶刀再往茶砖里推进，然后向上用力把茶砖撬开剥落，再用同样的方法顺着茶叶的间隙一层一层的撬开。

温杯　用沸水冲洗盖碗、公道杯和品茗杯。

投茶与摇香　用茶匙将茶荷中的茶分三下拨入盖碗中，盖上碗盖，用大拇指按住杯盖，在胸前缓缓地、由外向内有幅度地震荡三下，揭盖闻盖碗里和盖子上的香气。闻香时，用左手托杯底，右手将杯盖打开一条缝隙，杯盖、碗及杯底不分离。

洗茶与冲泡　乌龙茶、黑茶、老茶、紧压茶需要洗茶。洗茶，一是为了清洗茶叶；二是可以让干燥的茶叶吸水舒展开来，便于滋味物质的溶出与香气物质的散发；三是可以唤醒茶的茶性，尤其是老茶。因此，洗茶也称润茶、醒茶。洗茶时水量以刚刚没过干茶为宜，水温同泡茶的水温，洗茶时间不多于3秒。然后注水泡茶，浸泡时间因茶的种类而异，详见第一章。

冲泡时，一般前几泡注水后，盖碗的盖子不要全部盖严，要留出一定的缝隙，防止冲泡的茶汤过浓，并能凸显茶叶的香气；末尾几泡注水后，要全部盖严盖碗，闷泡一定的时间后出汤；对于年份较长的茶或者原料粗老的茶叶可以从开始就用闷泡的方法冲泡，用“闷”来激发茶的内韵。

出汤之后，在下一泡注水之前，盖碗内的余温依然很高，盖严盖子容易“闷”到茶叶，影响后续冲泡茶汤的滋味，建议不盖盖子或者斜盖盖子，留出一定的缝隙。

分杯　将公道杯中的茶汤倒入品茗杯中。需要注意的是，倒茶要倒七分满，不可全倒满。俗话说：敬酒八分满，敬茶七分满。之所以这么说，是因为酒是冷的，茶是热的，如果把茶倒满，在端的过程中有可能会烫到。倒七分满的茶同时也能体现出对对方的敬意。

闻香与品饮　闻一闻香气，观察茶汤，然后享用一杯茶。

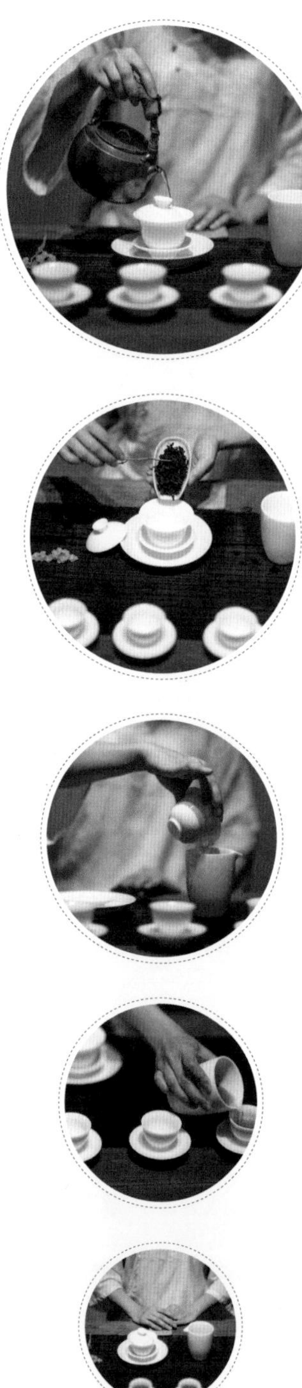

办公室泡茶篇

喝茶，原本讲究的是一个慢功夫。不仅选茶、选水、选茶具样样有讲究，而且品茶时也得细细品味，最忌牛饮。但是，对于忙碌的上班族来说，这样烦琐的步骤过于奢侈。这里我们提供一些小技巧，在办公室也能轻松泡一杯好茶，在忙里偷闲中享受茶香带来的那份闲情逸致。

在办公室饮茶，茶具就需要强调操作简单、使用方便，同时也不能损失泡茶的乐趣。在办公室可以选择用高筒玻璃杯、盖碗或者小紫砂壶按照上文的方法冲泡适合的茶类。如果能再配上一个木质或竹制的小托盘，再加上一块小茶巾，在办公室也能有格调地泡茶喝茶。

保温杯也是现在非常流行的办公室新兴泡茶用具，集泡茶和饮茶于一体。还因为“养生”屡被调侃。保温杯的好处是温度长期处于较高的状态，有利于茶叶成分的充分溶出，且维持茶汤在热腾腾的状态，因此特别适合普洱茶、砖茶等后发酵茶。早晨泡好一大壶茶，可以出门喝一整天，乃日常饮茶神器。保温杯里往往会配备一个滤茶网，防止误饮茶叶。除了茶叶，还可以根据时令和个人身体情况泡枸杞、菊花、罗汉果等，非常方便。

除了以上几种茶具，现在市场上还有一些很适合办公室饮茶的新兴茶具，其共同的特点是可以用简单的器具实现茶水分离，从而减少茶叶在热水中浸泡的时间，一则降低茶多酚和咖啡碱过度溶出带来的苦涩感，二则减少重金属等有害物质的溶出，三则避免茶叶吃进嘴里的尴尬。飘逸杯是使用最广的一种，其综合了普通玻璃杯和功夫茶具的特点，分为内杯和外杯两部分。内杯盛装茶叶，外杯加开水冲泡，通过特制按钮滤出茶汤。饮后茶渣直接倒出，清洗内杯即可。飘逸杯携带、存放方便，通过温杯、置茶、冲泡等简单几步，就可以得到一壶好茶。除了大众化的飘逸杯，国内外设计师们还别出心裁地设计了各种独特而美观的茶具，也适用于办公一族。

旅行泡茶篇

对于爱茶人来说，茶是生活必不可少的一部分。即使出差或旅行，也离不开泡茶饮茶。旅途中，泡一壶好茶，眼前欣赏的是异乡的风景，身心则在茶香浸润中安静恬然。

对于爱茶人来说，自备茶叶和茶具是差旅出行所必备的。只要有效利用便携茶具，掌握合适的方法或小技巧，出差旅行时也可时时有茶香相伴。

便携泡茶套装泡茶法

便携泡茶套装是近年专为出门在外的旅行者设计的新型一体式茶具。一般的便携套装都会包含以下一些部件。

首先是盖碗，又称三才碗。分为茶碗、茶盖、茶船三部分。暗合中国传统哲学中天、地、人的和谐统一，因此有三才之称。使用盖碗泡茶时，要在茶碗和茶盖间留有缝隙，这样才能更好地浸出茶汤。

品茗杯。顾名思义，是品茶饮茶的器具。选择套装时可以看好品茗杯的材质和形状，选择最适合自己的那一款。

最后还有一方小茶巾。可以擦洗器皿，也能垫在桌边，防止茶渍浸润。

选用便携套装泡茶，可以配上矿泉水或纯净水。使用客房内的电加热壶加热烧开，然后再按步骤冲泡，即可在旅途中也品尝到自家好茶了。便携茶具不仅有适合单人使用的，也有4 ～ 5人的家庭装，可以根据需要选择。

冷泡法

冷泡法是这几年新兴的泡茶方式，是将茶叶置于冷水或者冰水中，使内含物慢慢溶出，减少高温的破坏，增加茶汤中氨基酸的比例，有助于降低茶汤的苦涩度，获得甘甜鲜爽的滋味。

冷泡法适用于绿茶、白茶这些甘爽型的茶叶，但不适用于乌龙茶、烘焙型红茶等高香茶。因为只有在热水冲泡下，这些茶中的挥发性香味物质才能充分逸出。冷泡法通常需要较长的时间，例如常温冲泡龙井1小时，其呈味物质与热泡法4分钟大致相当。冷泡法的赏味冲泡次数也会低于热泡法，一般冲泡2次后，茶汤已经基本无味。

冷泡茶选水也不能马虎，一般选用凉的白开水冲泡。出门在外，方便起见，可以直接选择购买常温矿泉水或纯净水代替。

如果你还有车载小冰箱，不妨试试把冷泡茶放在其中冰镇一段时间。在炎炎夏日，口感更加清洌，还有解渴消暑的功能。

值得一提的是，一部分茶客采用冷泡法，不只考虑口感、便捷等因素，还担心烫茶对口腔和食道造成伤害。其实烫伤的确应该避免，但是并没有确切研究证明烫茶增加食道癌的风险，所以传统茶客不用特别担心茶水的温度。倒是边喝茶、边吸烟喝酒的习惯，非常不健康，应该予以纠正。

家庭聚会篇

“泛花邀坐客，代饮引情言”，客来敬茶，是中华民族的传统美德。上至庆祝重大节日，招待各国贵宾；下至庆贺良辰喜事，招待亲朋好友，茶都是必备的款待物。家庭亲友相聚时，通常都会泡茶来彰显待客之道，同时，饮茶也可以营造良好舒适的聊天氛围，拉近彼此的距离。

家庭聚会，人比较多的时候，需要提前准备好热水，用大壶先泡好一大壶茶，或者选择煮茶的方式煮好一大壶茶，让每一位客人到来时都可以先喝到一杯迎客茶，从而能够安定下来。

聚会的人都到齐后推荐采用“茶壶＋公道杯＋品茗杯”的方式，一边品茶，一边聊天。这样的茶席设计，既保留了传统的典雅，又显得更加时尚便捷，所以也是许多家庭的茶席“标配”，喝茶人数较多的情况下配置这样的茶具会十分合适。

茶壶可选择宜兴紫砂壶。紫砂是一种特殊的黏土，只在宜兴市发现。紫砂也是所有功夫茶的首选冲泡容器。一般来说，在冲泡功夫茶时，优选250毫升以下的小紫砂茶壶。公道杯，作用主要在于均衡茶汤。将冲泡好的茶汤注入公道杯，再分茶入杯，使得每一个人手中的茶汤滋味相同。品茗杯可让每位客人在温度恰到好处的同时享用茶水。此时品茗杯个数应与人数匹配。

餐前餐后，对茶的选择也有讲究。

就餐前客人位于客厅进行闲聊，此时宜选用绿茶、白茶、红茶等清香、平和的茶，目的在于清口以增进食欲。而且餐前喝点茶，可以让客人放轻松，不要太过于拘束，对接下来的就餐氛围也起到调节作用。

在吃过丰盛的一餐之后，应当贴心地为客人准备一泡去腻、消食的茶，例如乌龙茶或黑茶。这些茶不仅可以促进脂肪消化，消除客人们肠胃饱胀的不适感，还能减轻酒精对人体的损伤。更重要的是，能够消除口中的饭菜余味，以便饭后与他人交谈。餐后宜于小憩间少量轻饮、清口解油腻为佳；不宜立即大量饮用浓重茶品，以避免影响消化和一些营养成分的吸收。如希望大量饮茶，宜在餐后一小时。

待客小提示

奉茶。双手奉上，注视对方并面带微笑说一声："请喝茶。"面带微笑并说请用茶时，也会让对方感到主人的诚意。

添茶要及时。在亲友小聚时，茶具一般是放在主人的那边。如若不及时主动地添茶，让亲友自己添茶不仅不方便，而且显得不礼貌。所以看到对方杯里的茶喝完要及时为亲友添茶。

何时收拾茶具？客人在时，不能收拾茶具。就算中途有一两个亲友离席，也不要去收拾茶杯，会显得不礼貌。要等全部亲友都离席走后，方可再来收拾茶具。

这些泡茶方式看起来琐碎，但是其实学起来并不难。慢慢尝试之后，会让家人亲友感觉十分温馨，得到十分不错的招待，彼此之间的关系也会更加紧密。

闺蜜小聚篇

闺蜜之间喝点下午茶已经成为一种时尚的生活方式，很多时候小姐妹们都会相约去外面的下午茶餐厅打卡、聊天、吐槽一下彼此之间最近的生活。相比于外面的茶餐厅，家里的氛围更加轻松舒适，自制的茶饮更加健康而饱含情谊。接下来我们就仔细介绍一下闺蜜小聚的用茶教程，让小姐妹们在家也能拥有完美的下午茶趴！

作为贴心的闺蜜，自带颜值的花茶一定是首选。花茶的茶味与花香巧妙地融合，构成茶汤适口、韵味芳香，两者珠联璧合，可谓完美搭配。同时饮花茶不仅是有颜值，还是养生之选。如常见的玫瑰花茶，香气浓郁，滋味甘美，有活血养颜的功效。再如茉莉花茶，不仅香味诱人，还有驱除寒气、振奋精神的作用。金银花茶更是有清热解毒的奇效，并且有淡淡的甘甜。你的小姐妹一定会喜欢的！

茶具可选用白瓷、青瓷、粉彩瓷器的瓷壶、盖碗、盖杯等。花茶在冲泡时需要进行闷泡，盖子可使香气聚拢，揭盖闻香时，才能最好地体现出花茶的品质。水最好使用山泉水、纯净水等。

此外，红茶也是很好的选择。红茶一直是下午茶的主角。英式下午茶常选用伯爵茶、大吉岭茶、锡兰茶调配奶茶。而我国红茶种类更丰富，花果香馥郁的红茶与女性美格外相称。事实上，在这些新世界的茶叶兴起之前，正山小种等福建茶叶被英国贵族视为最高级的红茶。因此，如果饮用纯茶而非奶茶，更加推荐我国各地特色的红茶品种。如果你的闺蜜们近期常熬夜、压力大、作息不规律、总用手机和电脑，建议提供龙井、碧螺春等香气四溢的绿茶。绿茶除去具有一般茶叶的保健功能外，还具有抗衰老、排毒减肥、清热降火等功效。

一期一会，是由日本茶道发展而来的词语。在茶道里，指表演茶道的人会在心里怀着“难得一面，世当珍惜”的心情来诚心礼遇面前每一位来品茶的客人。人间团聚乐，亲友常相伴。应景布席，因人择茶，报以对方最大的诚意，便是一次完美的聚会。

生活里的茶
Shenghuo li de Cha

时尚茶饮与茶食

Shishang Chayin yu Chashi

生拍芳丛鹰嘴芽，
老郎封寄谪仙家。
今宵更有湘江月，
照出菲菲满碗花。

《尝茶》——唐·刘禹锡

第五章 时尚茶饮与茶食

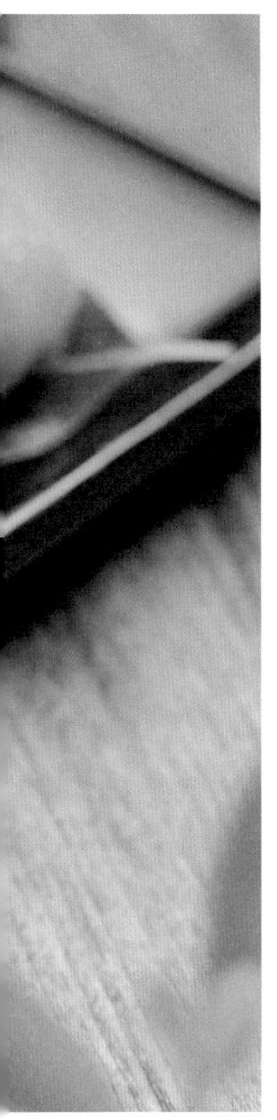

也许是一次无心，也许是多次试验，人们发现了茶与其他食物的缘分，碰撞出了美妙的滋味。茶与牛奶、水果、花草相遇，便为古老的东方饮料增添了时尚的元素；茶与油、盐、酱、醋相遇，其魅力便在佳肴中得到了延续。喝茶之时也少不了佐茶的茶食。不同的茶，要搭配不同的茶食，才能相互调和，相得益彰。

清新中有异香，古朴中有新意。茶饮、茶食文化的不断发展与创新，使人们对茶的喜爱经久不衰。

茶饮篇

在很多人固有的印象里，茶意味着传统、老派、古典。饮茶似乎是上一代人的习惯，茶的清苦气味也让很多初次接触的年轻人望而却步、难以接受。作为与咖啡、可可齐名的世界三大饮料之一的茶，在数千年的传承与遍布全球的传播过程中，已经有了不少新发展。各种茶味饮品的横空出世大大丰富了茶叶家族的成员，也让来自东方的古老饮品有了更多年轻、时尚、新潮的风味。

奶茶——浓浓奶香尽享丝滑

奶茶的起源已很难具体追溯，关于奶茶最早的记录出现在喜马拉雅区域。在我国的西藏、新疆等地也有饮用奶茶的习惯。有趣的是，最早饮用奶茶的地区都不是传统的产茶地区，但却消费了大量的茶。有资料显示，不丹、锡金、尼泊尔等地消费的茶主要来源于斯里兰卡，我国西藏、新疆等地消费的茶则主要来自云南、福建等地。印度被认为是奶茶的发源地，随着被英国、法国、荷兰等国的殖民，奶茶也被殖民者带回本国，并加以改良。优质的鲜奶可以缓解茶的苦涩味，对于从没尝试过茶的人来说更容易接受，因此更加醇香的奶茶逐渐风靡欧洲。

牛奶配茶这对最佳拍档自从被人们找到之后，就大受欢迎，流行区域几乎遍布全球。不同地域的奶茶有着完全不同的风味，甜、咸风味也各有千秋。

1. 草原奶茶

在我国的内蒙古、新疆等地，由于历史原因，会选用黑茶或青砖茶来制作奶茶。这些地区处于高寒或者高海拔地带，居民饮食主要以肉食为主，蔬菜较少，黑茶可以消食解腻。因此，以黑茶制作的奶茶深受牧区人民的喜爱，更有“宁可三日无粮，不可一日无茶”的说法。这些地区流行的奶茶也有独特的草原风味。蒙古奶茶是咸奶茶。清早起来，全家人围坐在一锅热气腾腾的咸奶茶周围，配着炒米吃顿早饭，既暖身又营养。内蒙古东部的海拉尔等地还流行奶茶火锅，成为当地旅游的一大特色。

如果你想试试咸奶茶的草原风情，不妨自己在家动动手。制作时，首先需要把砖茶打成碎末。在洗净的锅中将水煮至沸腾，后加入少许碎砖茶，小火保持沸腾数分钟，倒入与水等量的牛奶，最后根据口味加入食盐，一锅草原咸奶茶就大功告成了！蒸腾的热气缭绕眼前，草原的气息扑面而来。如果有心，还可以在奶茶中加入适量炒米，更正宗也更能丰富口感。

2. 英式奶茶

红茶由于具有浓郁的花果香气，是制作奶茶的首选。在以红茶作为基底的奶茶中，流传度最高的要数英式奶茶了。英国人喝茶的习惯与下午茶是分不开的。传统英式下午茶除了主角茶之外，还配有三明治、司康饼等多种甜点。既精致优雅，又能在正餐前补充能量。英式奶茶在茶叶的选用上非常讲究产区。国外产区中，锡兰红茶、越南高山红茶、印度阿萨姆红茶、肯尼亚红茶最为知名。国内产区则以云南滇红、台湾高山红茶、广东英德红茶、安徽祁门红茶等为佳。

英式奶茶有很多风味，但基本是在原味奶茶的基础上添加香料制成，如佛手柑、柠檬片等。一壶好的原味奶茶是衬托不同风味的基底和灵魂，这里提供一种自制英式原味奶茶的简单方法。

英式原味奶茶的制作主要分为两步：煮茶和调配奶茶。煮茶时，将水煮沸，加入适量茶叶小火熬煮两分钟左右，关火闷2 ~ 3分钟，使茶叶中的品质成分充分浸出。接着将茶渣滤出，即为奶茶专用的茶水。调配奶茶的步骤也很简单，杯中倒入茶水，根据个人口味加入牛奶和白糖即可。清新的茶香混合浓郁的奶香，配上香甜松软的小点心，适合读书，适合会友，也适合独享静谧悠闲好时光。

果茶——缤纷果味愉悦心情

水果口味甘甜，不仅能作为佐餐佳品补充各类维生素，也是泡茶的好搭档。炎炎夏日，来一杯美味可口的自制水果茶，既营养健康，也颇有生活情趣。

1. 百香果柠檬＋红茶

百香果柠檬红茶是非常经典的一款水果与茶的搭配。柠檬性温、味苦，具有生津止渴、止咳化痰的功效。微微的酸味也有助于提神醒脑、促进消化。百香果又称为鸡蛋果，属西番莲科植物。其果肉中含有丰富的植物纤维，可以清洁肠道、帮助排毒。红茶在发酵过程中，小分子茶多酚转化为茶黄素、茶红素等化合物，香甜甘润的气味与水果搭配最佳。

成品百香果柠檬红茶微酸中透着清甜，适合餐后饮用。配上蜂蜜同饮，还能增强抵抗力、预防感冒。市面上有不少以柠檬红茶为主料的饮品，不过如果想要喝得更纯正健康，还是自制来得放心。选用鲜柠檬或柠檬片，加上一杯浓郁的红茶，可用绵白糖、蜂蜜调味，用来自饮或招待客人，简单方便又别有风味。

2. 西柚雪梨＋绿茶

西柚又称葡萄柚，是现代饮料中的常见配料，不过直到20世纪才被选育出适合人们食用的优良品种。西柚含有丰富的钙、磷、铁以及B族维生素、维生素C等营养成分，且含量在柚类家族中最高。雪梨则是在《本草纲目》中早已挂名的有药用价值的果中佳品，雪梨果肉洁白如雪，口感脆甜。中医认为，雪梨有清肺润燥、生津利尿的功效。

绿茶是未发酵茶，保留了较多鲜叶成分，有抗氧化和杀菌消炎的作用。与雪梨西柚相配，绿茶最好选择当年的新鲜春茶。冲泡时，首先将西柚雪梨洗净切片，茶叶则放入一次性茶包中。将水果、茶包放入容器中，加入冷开水、蜂蜜和冰糖，冷藏后即可享用。

3. 白桃西瓜＋乌龙茶

桃子是营养价值很高的一种水果。中医研究认为，桃子具有生津、润肠、活血、消积的作用，特别适合肠燥便秘的人食用。现代科学研究则表明，桃子中铁元素的含量高，对于预防缺铁性贫血有一定的食疗作用。西瓜富含水分，有清火解暑和利尿的功效。在蒙古族、傣族、苗族、佤族等少数民族的传统药方中也频频现身。

乌龙茶则因其特殊的成分具有减肥减脂的效果，还能够刺激脂肪分解酶的产生，降低血液中胆固醇含量。白桃西瓜乌龙茶有浓郁的桃子清香，乌龙茶的茶味则化解了水果过分的甜腻，是一款适合全家老少共品的夏日佳饮。

花草茶
——馥郁花香带来自然气息

1. 玫瑰＋云南滇红

玫瑰茶几乎是最受欢迎的花草茶了。玫瑰香气馥郁，色泽温柔，优雅知性又不失神秘魅力。玫瑰性温，有理气和中、活血化瘀的功效。女性饮用还能排毒养颜，补充气血。

很多玫瑰茶用的是单一玫瑰或仅仅用茶包来冲泡。这样虽然方便，但口感还是与真正的红茶相差甚远。这里推荐用云南滇红茶作为玫瑰茶的主料。云南滇红的主产区位于云南省南部临沧、西双版纳等地，这里属于云贵高原，群山起伏，海拔超过1 000米。显著的昼夜温差和丰沛的年降水量造就了独特的茶叶风味。晴时早晚遍地雾，阴雨成天满山云。这里的茶叶质地柔韧，茶味芳香，各种多酚类化合物及其他有效成分也非常丰富。玫瑰加上云南滇红，喜欢馥郁花香的人们可在氤氲的茶香中享受真正的自然气息。

2. 茉莉＋西湖龙井

茉莉作为中国特有的植物，其色洁白如玉，其香优雅宜人，具有中国古典美的风韵。茉莉花在夏天有提神清火的作用，清幽的香气也能舒缓情绪、放松神经。

与茉莉最为相配的就是绿茶了。绿茶没有经过发酵，与茉莉的气质也最为契合。西湖龙井有绿茶皇后之称，产于浙江杭州西子湖畔，最早可追溯至唐代，更是在清代得到乾隆皇帝的赏识，有色绿、香郁、味甘、形美四绝的声誉。绿茶中丰富的维生素 C 和儿茶素，可以起到抗体内的自由基、抗氧化抗衰老的作用，适合经常用眼的上班族饮用，能够帮助缓解眼部不适，减轻干涩的状况。

茶文化源远流长，在传承和创新的过程中，人们为其不断注入新鲜血液，各类茶饮既丰富了茶的口味，也有不同的保健功效。茶同样承载了多样的文化历史，这大概是茶文化生生不息，让世人着迷的原因吧。

茶食篇

“婿纳币，皆先期拜门，戚属偕行，以酒馔往，少者十余车，多至十倍。……酒三行，进大软脂小软脂，如中国寒具，次进蜜糕，人各一盘，曰茶食。”

——《大金国志·婚姻》

茶食历史

“茶食”一词最早出现在金朝，实际上，茶食品的加工制作可追溯至先秦时期。从直接咀嚼茶叶当药和充饥，到将茶叶碾碎煮饮和搭配茶食，再到冲泡饮用和以茶入菜，在几千年的历史长河中，聪明智慧的先人们创制了种类繁多、形式多样的茶食品，“茶食”的内涵和外延也在不断地发展与丰富。

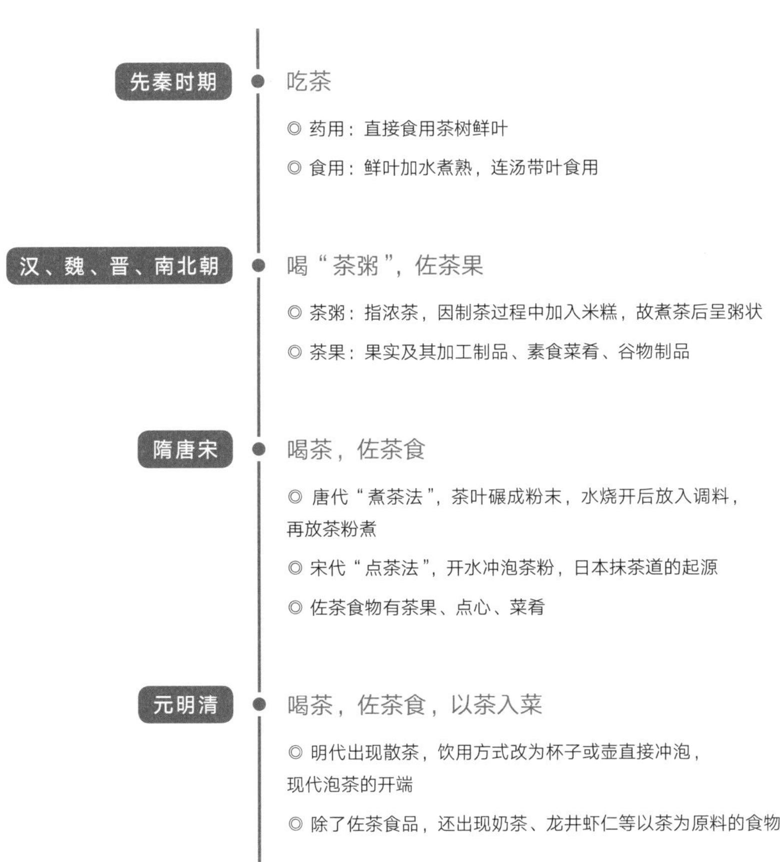

茶食历史

今天，关于“茶食”并没有统一的概念，可以指喝茶时搭配的糖果、坚果、点心等不求饱腹的“茶点”，又可以指把茶作为一味食材，添加到菜肴和点心之中制作而成的色香味美的“茶餐”。

茶有苦、涩、鲜、甜、酸，食有酸、甜、苦、辣、咸。不同的茶自然需要搭配不同的茶点或食材，才能创造出完美与和谐。

喝茶配以茶点也是防止茶醉的好方法。茶叶中的咖啡碱是一种中枢神经兴奋剂，过量摄入会导致代谢紊乱，造成头晕、耳鸣、浑身无力等类似醉酒的症状。空腹饮茶或者饮茶过量、过浓时很容易出现茶醉。喝茶时搭配茶点可有效防止茶醉，一旦出现茶醉症状，喝杯糖水或吃块糖就可缓解。

每种茶都有自己的黄金搭档，下面就让我们一起探索茶与食搭配的奥秘。

茶与茶点

甜配绿、酸配红、瓜子配乌龙、黑茶要香浓。

——民间流传口诀

茶食与茶的搭配讲究和谐，口诀里说的就是不同茶类和茶点的搭配关系。

1. 绿茶、白茶、黄茶配甜点

绿茶宜搭配鲜甜的吃食。绿茶清新鲜爽，口感略苦涩，与绿豆糕、山药糕、豆茸饼、豌豆黄等清甜爽口的食物搭配，苦味和甜味相互融合，可化解部分苦涩。但是甜食不宜过甜，味道过重，否则会完全压住绿茶的滋味，失去饮茶的乐趣。

白茶和黄茶发酵程度较低，口感相对绵柔，香气滋味淡雅，同绿茶一样宜搭配口味清香淡雅的食物。

2. 红茶配水果

红茶宜搭配口感带酸的食物，如水果、蜜饯、话梅等水果及制品，乳酪蛋糕等酸甜口味的点心。红茶滋味浓醇回甘，与酸味食物搭配会产生令人愉悦的酸甜口感。所以，市售的红茶饮料多是红茶配以酸甜的果味原料成分（如柠檬红茶等）。此外，红茶浓郁的花香、果香与水果的蜜香交融、搭配也极其和谐。

3. 乌龙茶配坚果

乌龙茶宜与咸淡相宜的瓜子、花生米、碧根果等坚果搭配。品饮乌龙，首重风韵，乌龙茶的香气滋味丰富，需搭配口味“平淡”而“不抢戏”的食物方能凸显乌龙茶的丰满妩媚。这类茶点同样适合香气馥郁的花茶类。

4. 黑茶配肉奶

黑茶滋味醇厚，并有很好的消食除滞的作用，宜搭配口味较重、较腻的食物，如肉干、肉脯等肉类制品以及奶酪、奶皮子等乳制品。藏民们就喜欢一边喝着藏茶一边就着咸味的风干牛肉，有茶有肉，美好而合宜。

以茶入菜

鸡蛋百个，用盐一两，粗茶叶煮，两只香为度。如蛋五十个，只用五钱盐，照数加减。可做点心。

——《随园食单》

用茶叶制作的菜肴中，最广为流传的要数茶叶蛋了。明代袁枚的《随园食单》中记载的茶叶蛋做法与如今的做法别无二致。以茶入菜不仅可以为菜肴提色增香，化解油腻去腥膻，还可以为菜肴增加茶叶的健康元素。

虽然明清时期就有关于以茶入菜的记载，而真正流传至今，被广泛认知的茶菜并不多，主要原因在于茶香清幽，烹饪的温度过高、时间过长，或与之搭配的食材和佐料味道过重，都会失去或者掩盖高雅的茶香，失去茶菜应有的韵味。茶菜的搭配和烹饪是有技巧的。本书在总结历代知名茶菜的基础上，得出一些规律，供借鉴。

1. 绿茶、白茶、黄茶配海鲜

绿茶、白茶、黄茶香气和滋味淡雅，搭配口味清淡的海鲜、河鲜、豆腐、根茎类食材，才能凸显茶的清香，如龙井虾仁、清蒸龙井鳜鱼、龙井蛤蜊汤、白茶三菇汤、绿茶肉沫豆腐等。绿茶、黄茶、白茶中的茶氨酸含量相对较高，不仅能起到增鲜的作用，还可以明显促进大脑中枢多巴胺的释放，起到镇静安神、愉悦心情的作用。一般以茶叶或茶汤的形式入菜，使用量5 ~ 10克，适合的烹饪方法有炒、炸、蒸、熏、煮、凉拌等。

此外，绿茶、白茶、黄茶还非常适合烹饪主食和点心，如茶香饭、茶香粥、茶面条、茶蛋糕、茶饼干等。

清蒸茶香鱼

食材：鲈鱼一条（约750克），绿茶8克，彩椒30克，葱10克，姜10克，料酒100克，植物油15克，蒸鱼豉油15克，盐10克。

制作方法：

（1）鲈鱼洗净，鱼身两面切花刀，将盐和料酒在鱼身涂抹均匀，腌制10分钟。

（2）腌制过程中，将葱、姜、红彩椒切细丝浸泡在水中，红黄彩椒切条。

（3）将茶包和一半的葱、姜、部分红彩椒丝塞进鱼肚。

（4）将葱切长段，垫于鱼身下方，鱼身上铺一些葱、姜、红彩椒丝。水开后，放入锅中大火蒸7 ~ 8分钟关火，不要揭开锅盖，闷2分钟后立即出锅。

（5）调味汁：蒸鱼豉油、盐放进碗中拌匀。

（6）去除鱼身上的姜丝，倒掉蒸鱼盘中多余的水，在鱼身上铺少许葱姜丝和彩椒条。

（7）植物油烧热后，将热油从鱼头浇至鱼尾。

（8）将调好的调味汁从鱼头浇至鱼尾即可。

翠玉豆腐

食材：豆腐1块（500克），绿茶5克，猪肉馅100克，葱1根，植物油15克，料酒100克。

制作方法：

（1）豆腐切片（5厘米×5厘米×0.5厘米），煎成两面金黄，取出盛盘。

（2）茶包用100毫升沸水冲泡约3分钟后取出，茶汁备用。

（3）锅内放油，葱爆香，加肉馅拌炒，再倒入茶汁、料酒入味后，淋在豆腐上即可。

2. 乌龙茶、红茶、黑茶配畜禽肉

乌龙茶、红茶和黑茶发酵程度重，滋味醇厚，颜色较深，更适合以熏、烧、炖、煮、卤、闷等方式与畜禽肉类一起烹饪，如铁观音炖鸭、红茶卤牛肉、红茶鸡丁、普洱炖猪肘等。畜禽肉类脂肪含量较高，不仅口感肥腻还极容易导致脂肪摄入过量。乌龙茶中的甲基化儿茶素、红茶中的茶黄素和茶红素以及黑茶中后发酵过程产生的没食子酸、茶多糖都可以起到一定的减少脂肪吸收、促进能量消耗的作用。乌龙茶、红茶和黑茶一般以茶汤的形式入菜，使用量为10 ～ 20克。

红茶卤牛肉

食材：牛肉500克，红茶10克，桂皮、草寇、沙姜、茴香、白芷适量。

制作方法：

（1）将所有的香料包在纱布里，放在卤水中煮开。

（2）放入牛肉，大火烧开见滚后，撇出泡沫。

（3）盖上盖子小火炖烂。

（4）牛肉用保鲜膜裹紧放入冰箱冷藏，待温度降低，牛肉紧实后取出切片装盘即可。

茶香烤鸡翅

食材：鸡翅中500克，乌龙茶10克，水100毫升，胡萝卜、芹菜、洋葱、料酒、鸡粉、盐适量。

制作方法：

（1）鸡翅洗净，表面划开。

（2）乌龙茶10克加开水100毫升冲泡约3分钟，取茶汤。

（3）鸡翅用茶水和胡萝卜、芹菜、洋葱、料酒、鸡粉、盐腌制2小时。

（4）烤箱预热200℃，将鸡翅置于烤盘上，放入烤箱中层。

（5）烤5分钟左右取出烤盘，将腌制的调料刷在鸡翅正反两面。

（6）烤至10分钟左右取出烤盘，在鸡翅正反面刷一层蜂蜜，5分钟后表面再刷一层蜂蜜，最后烤至表面金黄（约5分钟）即可。

普洱肘子

食材：肘子500克，普洱熟茶10克，桂皮、草蔻、沙姜、茴香、白芷适量。

制作方法：

（1）将普洱熟茶和其他所有的香料包在纱布里制成料包，放在卤水中煮开。

（2）放入肘子，大火烧开见滚后，撇出泡沫。

（3）盖上盖子小火炖烂。

（4）捞出肘子置于冰箱冷藏，待温度降低后取出切片装盘即可。

参考文献 · Reference

曾晓房，李柳冰，于立梅，等，2018. 柠檬中微量元素功效研究进展. 食品科学，12: 243-244.

柴奇彤，孙婧，2009. 科学饮茶. 中国食品 (22): 48-49.

车晓明，陈亮，顾勇，等，2015. 茶多酚治疗骨质疏松症的研究进展. 中国骨质疏松杂志，21(2): 235-240.

陈金娥，丰慧君，张海容，2009. 红茶、绿茶、乌龙茶活性成分抗氧化性研究. 食品科学，30(3): 62-66.

陈秀珍，朱大诚，王艳辉，2009. 白花蛇舌草药理作用及临床应用研究新进展. 中药材，32(1): 157-161.

陈育才，2020. 安溪铁观音的不同制作工艺和感官审评. 福建茶叶.

陈宗懋，2019. 饮茶与健康　思考与展望. 茶博览 (3): 70-72.

陈宗懋，杨亚军，2011. 中国茶经. 上海：上海文化出版社.

陈宗懋，俞永明，梁国彪，等，2012. 品茶图鉴. 南京：译林出版社.

陈宗懋，甄永苏，2014. 茶叶的保健功能. 北京：科学出版社.

高栋，2020. 饮茶与人体健康研究. 福建茶叶，42(8): 39-40.

高远，2012. 乌龙茶多酚及其儿茶素单体的降脂减肥作用研究. 南京：南京农业大学.

顾东风，翁建平，鲁向锋，2020. 中国健康生活方式预防心血管代谢疾病指南. 中国循环杂志，35(3): 209-230.

顾谦，陆锦时，叶宝存，2002. 茶叶化学. 合肥：中国科学技术大学出版社.

况文琴，2019. 重庆桃树栽培技术与病虫害防治浅析. 南方农业，13(11): 31-32.

李丽华，周玉璠，2019. 世界红茶发展史略初探. 福建茶叶 (4): 215-217.

李勤，黄建安，傅冬和，等，2019. 茶叶减肥及对人体代谢综合征的预防功效. 中国茶叶 (5): 7-13.

李亦博，2020. 传统饮食文化融入高校思政教育引发的思考——评《中国饮食文化》. 中国酿造，39(9)：230.

刘德，吴鑫，匡佩琳，2018. 6种茶叶提取物的乙酰胆碱酯酶抑制活性研究. 食品安全质量检测学报，9(24)：6477-6482.

刘盼盼，郑鹏程，龚自明，等，2020. 工夫红茶品质分析与综合评价. 食品科学.

马静钰，刘强，孙云，等，2019. 不同冲泡条件对茶叶内含物浸出率影响的研究进展. 中国茶叶.

梅维恒，等，2018. 茶的真实历史. 高文海，译，徐文堪，校译. 生活·读书·新知三联书店.

倪德江，陈玉琼，谢笔钧，等，2004. 绿茶、乌龙茶、红茶的茶多糖组成、抗氧化及降血糖作用研究. 营养学报，(1)：57-60.

潘科，2017. 茶儿茶素单体酶促氧化反应特征与红茶饱和氧化发酵机制研究. 雅安：四川农业大学.

盛俊，2013. 普洱茶中咖啡碱在动物体内的吸收情况研究. 合肥：安徽农业大学.

盛敏，2017. 中国茶文化对外传播与茶叶出口贸易发展研究. 长沙：湖南农业大学.

谭远钊，2018. 绿茶功能性成分提取及保健作用分析. 食品安全导刊，30：74.

唐祖宣，2011. 陆羽的茶疗养生之道. 中国中医药报.

王慧，宁凯，2015. 谈《红楼梦》中的茶文化. 福建茶叶，37(5)：65-66.

王茹茹，肖孟超，李大祥，等，2018. 黑茶品质特征及其健康功效研究进展. 茶叶科学，38(2)：113-124.

王岳飞，郭辉华，丁悦敏，等，2003. 茶多酚解酒作用的实验研究. 茶叶 (3)：145-147.

吴命燕，范方媛，梁月荣，等，2010. 咖啡碱的生理功能及其作用机制. 茶叶科学，(4)：235-242.

奚婧，张佳佳，负航，等，2019. 社区老年人饮茶与衰弱状况的关系研究. 中国实用护理杂志 (28)：2165-2170.

徐潇潇，杨洲，陈红，2018. 绵阳地区老年人饮茶习惯与健康状况研究. 现代食品 (23)：188-192.

许佳，程伟，裴丽，2020.《本草纲目》之茶考. 时珍国医国药.

薛凯瑞，2019. 中老年人群饮茶与糖代谢的相关性研究. 兰州大学.

阳衡，罗源，刘仲华，等，2017. 茶氨酸的体内代谢与功效机制. 茶叶通讯，44(1)：3-10.

杨江帆，等，2019. 丝路闽茶香：东方树叶的世界之旅. 福州：福建人民出版社.

杨路路，2019. 世界三大饮料植物. 花卉(7)：6-8.

杨钦，2013. 中国古代茶具设计的发展演变研究. 南昌：南昌大学出版社.

尧水根，2012. 略评中国古代三大茶书——《茶经》、《大观茶论》、《茶疏》. 农业考古.

衣喆，刘婷，陈然，等，2016. 金花黑茶对BALB/c小鼠通便和调节肠道菌群的作用. 食品科技，41(6)：61-66.

应剑，肖杰，康乐，等，2019. 健康中国背景下的茶叶功能研究与生物技术在健康茶饮开发中的应用. 生物产业技术.

张冷儿，2014. 蒙古族奶茶文化的传承与创新. 呼和浩特：内蒙古师范大学.

张清华，张玲，2007. 菊花化学成分及药理作用的研究进展. 食品与药品，(2)：60-63.

张瑞娥，秦天悦，张芸环，等，2018. 119例高血压患者确诊前的膳食营养状况调查及评价. 慢性病学杂志，19(7)：865-867+870.

张芸，倪德江，陈永波，等，2011. 乌龙茶多糖调节血脂作用及其机制研究. 茶叶科学，(5)：399-404.

赵建基，2012. 西北少数民族茶饮的文化探究——基于与中原茶文化的明显差异和深层关联. 塔里木大学学报，24(2)：73-76.

中国高血压防治指南修订委员会，2019. 中国高血压防治指南2018年修订版. 心脑血管防治，19(1)：1-44.

中国营养学会，2016. 中国居民膳食指南(2016). 北京：人民卫生出版社.

中华人民共和国卫生部疾病控制司，2003. 中国成人超重和肥胖症预防控制指南(试行).

中华医学会糖尿病分会，2020. 中国成人糖尿病前期干预的专家共识. 中华内分泌代谢杂志，36(5)：371-380.

中华医学会糖尿病学分会，2018. 中国2型糖尿病防治指南（2017年版）. 中华糖尿病杂志，10(1)：4-67.

Andrew S, Alicia B, Matt P, et al, 2020. Acute cognitive, mood and cardiovascular effects of green and black tea, Proceedings of the Nutrition Society, 79 (OCE2): E676.

Fu DH, Ryan EP, Huang JA, et al, 2011. Fermented Camellia sinensis, Fu Zhuan Tea, regulates hyperlipidemia and transcription factors involved in lipid catabolism. Food Research International, 44 (9): 2999-3005.

Huo Shaofeng, Sun Liang, Zong Geng, et al, 2020. Genetic susceptibility, dietary cholesterol intake and plasma cholesterol levels in a Chinese population. Journal of lipid research.

Li J, Liu R, Wu T, et al, 2017. Comparative study of the anti-obesity effects of green, black and oolong tea polysaccharides in 3T3-L1 preadipocytes. Food Science, 38 (21): 187-194.

Ng KW, Cao ZJ, Chen HB, et al, 2018. Oolong tea: A critical review of processing methods, chemical composition, health effects, and risk. Critical Reviews in Food Science & Nutrition, 58 (17): 2957-2980.

Rajsekhar A, Vivekananda M. 2017. L-theanine: A potential multifaceted natural bioactive amide as health supplement. Asian Pacific Journal of Tropical Biomedicine, 7 (9): 842-848.

生活里的茶

Shenghuo li de Cha

后记 · Postscript

中粮营养健康研究院自2010年成立以来，致力于研究中国人的健康膳食模式，设计开发营养健康型粮、油、糖、茶、乳、肉等产品。其中，在茶叶研究方面，重点关注中国不同茶叶的健康作用、物质基础及作用机制，指导茶叶加工工艺优化及产品开发，推广健康饮茶方式。从事茶叶研究工作的小伙伴们将多年积累的经验和心得体会写进本书，希望能让更多的人，尤其是年轻人，了解中国茶，爱上中国茶，传播中国茶文化！

在著书过程中，编者们深刻感受到茶学“浩瀚无垠”“学无止境”，没有各位茶行业、茶企业专家、老师的帮助，本书不可能付梓，特此一并致谢。

特别感谢陈宗懋院士在本书写作过程中给予的指导！陈院士对茶的经久热忱以及严谨务实的学术精神深深地感染了我们，在中国茶发展史、健康作用研究、健康饮茶方式传播推广方面提出了宝贵建议。

感谢中粮营养健康研究院各位领导的指导与支持，尤其是牛兴和总工程师多年来在一系列茶叶健康作用研究相关项目中给予的指导，并一道策划、编写了本书。牛总是一位严谨的科学家，亦是一位资深的茶叶爱好者，几十年的科研经历，以及对茶的理解和思考给我们的茶叶研究工作带来了极大的帮助和启发。

感谢中国茶叶股份有限公司多年来对研究院的支持，与研究院一起专注于茶叶健康及感官品质研究，推广健康饮茶方式！感谢中国工程知识中心营养健康分中心为我们提供了健康饮茶方式科普宣传平台！感谢中国茶叶流通协会及申卫伟副秘书长在项目及成书过程中给予的指导与帮助！

感谢中国摄影家协会王元晶女士为本书提供的优秀摄影作品，以及对本书的大力支持与帮助。感谢全国茶艺职业技能竞赛双金奖获得者、“全国技术能手”杨洋女士提供的专业泡茶摄影照片以及在成书过程中给予的指导！

感谢中国农业出版社的姚佳老师和姜欣、田雨老师，在文字编辑、文稿润色、装帧设计、出版安排等方面的工作给作者带来巨大的帮助！

编者

2020年9月23日

生活里的茶

Shenghuo li de Cha